职业教育工程测量技术专业"十二五"规划教材

计算器测量编程

冯大福　编著

机械工业出版社

全书共计 5 章，内容包括计算器概述、CASIO *fx*-5800*P* 计算器操作入门、编程基础知识、常见测量小程序、工程测量程序应用实例。书中还结合工程测量中使用频率较高的测绘计算案例，给出了 24 个实用测量程序。

本书可作为高职高专和中等职业院校测绘类、路桥类、建筑类等专业的教材，也可作为测绘人员计算器操作能力的培训手册，还可以作为广大测绘行业工程技术人员的参考书。

为方便教学，本书配有电子课件，凡选用本书作为授课教材的教师均可登录 www.cmpedu.com，以教师身份免费注册下载。编辑咨询电话：**010-88379934**。

图书在版编目（CIP）数据

计算器测量编程/冯大福编著. —北京：机械工业出版社，2012.12
（2018.9 重印）
职业教育工程测量技术专业"十二五"规划教材
ISBN 978-7-111-40505-4

Ⅰ.①计…　Ⅱ.①冯…　Ⅲ.①测量—应用程序—程序设计—职业教育—教材　Ⅳ.①P209

中国版本图书馆 CIP 数据核字（2012）第 280823 号

机械工业出版社（北京市百万庄大街 22 号　邮政编码 100037）
策划编辑：王莹莹　责任编辑：刘思海
版式设计：霍永明　责任校对：杜雨霏
封面设计：鞠　杨　责任印制：李　昂
北京中兴印刷有限公司印刷
2018 年 9 月第 1 版第 4 次印刷
184mm×260mm·6.5 印张·125 千字
4501—5500 册
标准书号：ISBN 978-7-111-40505-4
定价：18.00 元

前　言

现代测绘的发展趋势是由传统测绘、数字测绘向信息化测绘的方向发展。测绘技术正在发生着巨大的变化，测绘人员的三大基本能力，即"测""绘""算"，也与过去有了许多不同之处。但在工程测绘领域，一些传统的测绘方法，特别是施工放样中的传统计算方式仍在广泛使用。

目前，"观测"更依赖于先进的仪器，"绘图"更依赖于先进的软件。在"计算"方面，复杂的平差也借助计算机和平差软件来完成，但在现场情况随时变化的施工放样计算方面，仍会依赖灵活、便携的程序计算器来解决施工测量的实际问题。为此，我们编写了本书，以方便一些开设有"计算器测量编程"课程的院校使用。

卡西欧 5800P、7400、9750、9860、$CG20$ 中文版等高版本计算器的编程语言属同一系列，语句格式大同小异。考虑到各类型计算器的市场占有率、现有程序参考资料的数量、计算器的性价比等因素，本书选择一直以来十分普及的 CASIO　fx-5800P 计算器作为示范计算器。其他图形计算器的编程语言与 5800P 相比十分接近，本书编写的绝大多数测量程序不作任何改变就能用于 CASIO　fx-7400、9750、9860 等计算器中。

考虑到职业院校一般都在学生在校期间的第一学年开设本课程，学生的测绘专业知识还不够，所以本书的第 1、2、3 章可以让学生充分地学习编程的方法和技巧。本书的第 4、5 章，给出了 24 个实用程序，这也是编者多年从事工程测量的积累所得，可供测量同行使用。

本书在编写过程中，焦亨余高级工程师对本书的编写大纲提出了宝贵的意见，在此表示感谢；同时，编者参阅了大量文献，引用了同类书刊中的一些资料，在此谨向有关作者表示谢意！

由于编者水平有限，书中不妥和错漏之处在所难免，恳请读者批评指正。

编　者

❀ 目　录

第1章 计算器概述

📖 内容概述

　　本章主要介绍计算器的发展历史、计算器与计算机的区别、计算器的特点以及计算器在工程测量中的应用。

1.1 计算器的发展史

　　人类最早是以掰指头的方式进行计算，所以大部分的古代文明都采用 10 进制。之后人类学会了用一些天然的工具来弥补手指的不足，比如小木棍、石子等。但这些都还不能算是真正的计算工具。世界上最古老的计算工具是我国的算筹，而不是算盘。这种工具最晚出现于 2000 多年前的春秋战国时期，之后中国人又发明了算盘。但是在这一时期，西方还没有一种算得上工具的计算器。

　　明朝以后，算盘在世界各地流传开来，并出现了许多变种，但并不是人们想象中的那么普及。

　　在西方，1614 年，苏格兰人 John Napier 撰文说，他发明了一种可以进行四则运算和方根运算的精巧装置。1623 年，Wilhelm Schickard 制作了一个能够进行 6 位数以内加减法运算，通过转动齿轮进行操作，并能通过铃声输出答案的"计算钟"。1625年，William Oughtred 发明了计算尺。1671 年，德国数学家 Gottfried Leibniz 设计了一台可以进行乘法运算，答案长度可达 16 位的乘法机。1822 年，英国人 Charles Babbage 设计了差分机和分析机，可以利用卡片输入程序和数据。

　　计算器是伴随着计算机的研制而逐步发展的。1946 年，第一台正式的电脑"埃尼阿克"在美国诞生，但体积庞大且十分耗电。从此，计算器与计算机开始有了巨大的区别。计算器只是一种简单的计算工具，有些具有函数计算功能、存储功能以及少量固化程序处理功能，但自动化程度不高，需要不断地进行人工干预，扩展性也很差，只能完成特定的计算任务。而计算机则具备复杂的存储功能和控制功能，自动化程度极高，可以不需要人工干预，借助操作系统平台和软硬件，可以进行几乎无限制的扩展。

与此同时，计算机技术促进了计算器研制技术的不断进步，计算器也步入了快速发展的阶段。1957 年，日本卡西欧公司开发了第一款小型电动式 14-A 型计算器。1959 年，第一台小型科学计算器 IBM620 在美国研制成功。1971 年，前苏联第一台桌面计算器问世，如图 1-1 所示。

经过数十年的快速发展，现代的计算器已变得外形精巧、环保节能、功能强大、价格低廉。与计算机相比，计算器虽然功能较弱，但它便于携带、能耗较低、使用方式灵活、稳定性好的特点，使其有了计算机所不可替代的地位。

目前，程序计算器不仅存储容量在扩大，增加了图形、串列、中文等功能，而且程序计算器与计算机之间能够方便快捷地进行数据通信。随着计算器技术的进一步发展，未来的程序计算器将变得更加强大。

图 1-1　前苏联第一款袖珍计算器

1.2　计算器在工程测量中的应用

在我国的工程领域，日本卡西欧公司生产的程序计算器应用较为普及，其主要的程序计算器型号有：fx-180P、fx-3600P、fx-3650P、fx-3950P、fx-4500P、fx-4800P、fx-4850P、fx-5800P、fx-7400G、fx-9750G、fx-9860G、fx-CG20 中文机等。目前，在工程领域常用的程序计算器主要是 CASIO fx-5800P 及其以上型号的程序计算器，如图 1-2 所示。我国工程技术人员在长期的工程实践中，编写了大量的工程施工实用程序，在公路施工测量、铁路施工测量、市政施工测量、矿山测量、房屋建筑施工、地籍测量、水运测量、国家基础测绘等诸多方面都有非常普及的应用。

图 1-2 CASIO *fx*-5800*P* 计算器

练 习 题

1-1 程序计算器与计算机相比，有什么特点？

1-2 程序计算器在工程测量中有哪些应用？

第2章　CASIO *fx-5800P* 计算器操作入门

 内容概述

　　本章主要介绍 CASIO *fx-5800P* 计算器的各按键的功能、按键操作的方法、要完成日常测量计算须进行的模式设置、普通计算器的一般计算方法、数据存储操作方法、统计与回归计算以及其他一些功能。

2.1　CASIO *fx-5800P* 计算器的按键功能

2.1.1　键盘区域划分

　　CASIO *fx-5800P* 计算器的键盘主要分为三个区域，如图 2-1 所示。

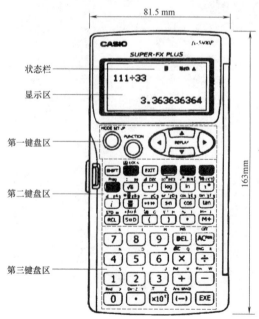

图 2-1　CASIO *fx-5800P* 计算器键盘分区图

（1）第一键盘区

有模式设置键 MODE（也是 SETUP 键）、功能键 FUNCTION 和光标移动键。模式设置键 MODE 主要用来设定计算模式，以及配置计算器的输入和输出、计算参数等。功能键 FUNCTION 主要用于输入各种数学函数、命令、常数、符号以及进行其他特殊的操作。四个方向键主要用于显示屏上移动光标、屏幕翻页、查看计算履历等，如图2-2所示。

图2-2　方向键

（2）第二键盘区

有4行6列共24个键，其主要功能是进行数学函数计算。

（3）第三键盘区

有4行5列共20个键，其主要功能是输入数字0～9和进行四则运算等。

2.1.2　按键

CASIO fx-5800P 计算器的每个按键都具有一种以上的功能，各功能以彩色符号标示在键盘上，以帮助计算器的使用者方便快捷地找到所需要的功能键。如图2-3所示，该键有如下功能：

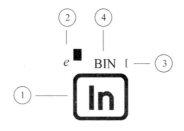

图2-3　CASIO fx-5800P 计算器按键功能示意图

1）直接按该键，则为 ln。

2）按 SHIFT 键后，再按该键，则执行的是：$e^{\blacksquare}$。

3）按 ALPHA 键后，再按该键，则执行的是：〔。

4）在 BASE-N 模式下按该键，则执行的是：BIN。

2.1.3　状态栏及显示屏

CASIO *fx*-5800*P* 计算器显示屏幕采用 96 点 × 31 点的液晶矩阵显示，其上方有一行状态栏。一般情况下，显示屏可同时显示 4 行，每行可显示 16 个字符，如图 2-4 所示。

图 2-4　CASIO *fx*-5800*P* 计算器显示屏幕

屏幕最上方状态栏的指示符含义见表 2-1。

表 2-1　状态栏指示符含义

序号	指示符	含　义
1	**S**	按下 SHIFT 键后出现，表示按键将输入橙色符号所标的功能
2	**A**	按下 ALPHA 键后出现，表示按键将输入红色符号所标的字母或符号
3	STO	按下 SHIFT RCL 后出现，将指定值或计算结果存入指定的变量
4	RCL	按下 RCL 键后出现，查看指定给变量的值
5	SD	计算器处于 SD 模式，即单变量统计计算模式
6	REG	计算器处于 REG 模式，即双变量统计计算模式
7	FMLA	表示当前程序模式工作对象是公式
8	PRGM	表示当前程序模式工作对象是程序
9	ENG	按工程显示数值
10	**D**	选用"度"作为角度测量和计算单位
11	**R**	选用"弧度"作为角度测量和计算单位
12	**G**	选用"梯度"作为角度测量和计算单位
13	FIX	已指定显示小数位数
14	SCI	按科学表示法显示数值
15	Math	当前表达式的输入与输出设定为普通显示
16	Disp	当前显示的数值为中间计算结果
17	▼▲	表示当前显示屏的下、上有数据

2.2 CASIO *fx*-5800*P* 计算器的计算模式设定

2.2.1 模式选择

使用计算器时，应选择相应的模式。按 MODE 键，屏幕则显示菜单选项，按 ▲ 键和 ▼ 键对菜单屏幕 1 和菜单屏幕 2 进行切换。

按 MODE 键后，按 EXIT 键不能退出该界面，必须选择一种计算模式。

CASIO *fx*-5800*P* 计算器的计算模式主要有 11 种：

1）COMP：普通计算模式，包括函数计算。

2）BASE-N：基数计算模式，2 进制、8 进制、10 进制、16 进制的变换及逻辑运算。

3）SD：单变量统计计算。

4）REG：回归计算。

5）PROG：程序模式，定义程序或公式文件名、输入、编辑、运行程序或公式。

6）RECUR：序列计算模式，可使用 *an* 和 *an* + 1 两种序列类型创建序列表。

7）TABLE：数表计算模式，创建 *x* 和对应 *f*(*x*) 值的数表计算。

8）EQN：方程式计算模式，可求解最高五元一次联立方程组及一元三次方程。

9）LINK：数据通信，用于在两个 CASIO *fx*-5800*P* 计算器之间传输程序。

10）MEMORY：存储器管理。

11）SYSTEM：对比度调节及复位操作。

2.2.2 计算器设定

按 SHIFT SETUP （指的是先按 SHIFT 键再按 SETUP 键，下同），屏幕显示设定菜单选项，如图 2-5 所示。该设定有屏幕 1 和屏幕 2 两个部分，可以按 ▲ 和 ▼ 键在两个屏幕之间切换。计算器设定主要用于配置输入和输出设定、角度单位、计算参数和其他方面的设定。

按 SHIFT SETUP 后，按 EXIT 键可以退出该界面。

（1）普通显示格式（MthIO）和线性显示格式（LineIO）

1）MthIO 为普通显示格式，即自然书写显示方式。在这种显示方式下，计算器可按照分数、平方根、微分、积分、指数、对数和其他数学表达式的自然书写形式进

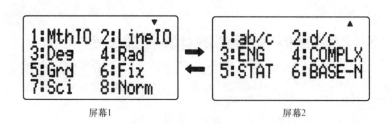

屏幕1   屏幕2

图 2-5 计算器菜单选项

行显示。这种格式既可用于输入表达式，也可应用于输出计算结果。如：$\frac{1}{2} + \frac{1}{3} = \frac{5}{6}$。

2）LineIO 为线性显示格式，将使用计算器定义的特殊格式输入和显示表达式及函数，计算结果显示为小数。如：$\frac{1}{2} + \frac{1}{3} = 0.8333333333$。

需要说明的是，按 $\boxed{S \Leftrightarrow D}$ 可以在标准（S）格式（分数、$\sqrt{}$ 和 π）和小数（D）格式之间相互转换。

照顾到日常测量工作者的作业习惯，在测量外业和内业计算时，该模式设定为 LineIO 线性显示格式为宜。

（2）角度单位（Deg、Rad、Gra）

1）Deg：设定十进制度为当前默认角度单位，屏幕状态栏显示为 D。

2）Rad：设定弧度为当前默认角度单位，屏幕状态栏显示为 R。

3）Gra：设定梯度为当前默认角度单位，屏幕状态栏显示为 G。

三种角度单位之间的关系为：360 度 = 2π 弧度 = 400 梯度。

通常情况下，测量人员习惯用 Deg 作为默认角度单位。

（3）数字显示位数（Fix、Sci、Norm）

1）Fix：输入数字 0 ~ 9，即可指定小数点后的显示位数（按四舍五入）。设置了 Fix 显示格式后，状态栏显示 FIX。如需取消 Fix 设定，则设定 Norm 1 或 Norm 2 即可。例如：设定了 Fix 3 的显示格式，则某点坐标高程显示为：37585.269，48310.847，106.746。

2）Sci：如果不按小数位数显示数字，也可按科学记数法来显示数字。输入数字 0 ~ 9，则可指定科学记数显示的有效位数。设置了 Sci 显示格式后，状态栏显示 SCI。如需取消 Sci 设定，则设定 Norm 1 或 Norm 2 即可。如设定 Sci 4，则上述坐标 37585.269 显示为 3.759×10^4。

3）Norm：有 Norm1 和 Norm2 两项可选，用于设定科学记数法范围。Norm1，则

对于小于 10^{-2} 和大于等于 10^{10} 的数值，采用科学记数法。Norm2，则对于小于 10^{-9} 和大于 10^{10} 的数值，采用科学记数法。

对于测量人员来说，一般设定 Norm2 通常可满足显示很多位小数的要求，也可设定 Fix 来固定小数显示位数。

（4）其他设定（ab/c、d/c、ENG、COMPLX、STAT、BASE－N）

1）ab/c：设定计算结果的分数显示格式为带分数。

2）d/c：设定计算结果的分数显示格式为假分数。

3）ENG：①EngOn 设定打开工程符号；②EngOff 设定关闭工程符号。

4）COMPLX：①$a + bi$ 设定复数计算结果的显示格式为直角坐标格式。②$r\angle\theta$ 设定复数计算结果的显示格式为极坐标格式。

5）STAT：①FreqOn 设定在 SD 模式和 REG 模式计算期间打开统计频数；②FreqOff 设定在 SD 模式和 REG 模式计算期间关闭统计频数。

6）BASE－N：①Signed 设定在 BASE－N 模式计算中启用负值；②Unigned 设定在 BASE－N 模式计算中禁用负值。

2.2.3　计算器功能菜单

按 FUNCTION 键，则屏幕显示功能菜单。

按 FUNCTION 键后，按 EXIT 键可以退出该界面。

在 COMP 模式下，按 FUNCTION 键菜单会出现图 2-6 的显示内容；在 SD 和 REG 模式下，按 FUNCTION 键，则会出现图 2-7 的显示内容，其意义如下：

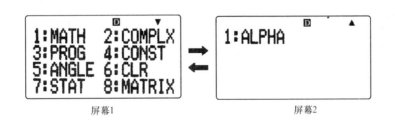

图 2-6　按 FUNCTION 键计算器菜单选项

1）MATH：调出积分、微分、求和、极坐标、直角坐标等数学函数。

2）COMPLX：调出复数计算函数。

3）PROG：调出各种程序命令。

4）CONST：调出计算器内置的 40 个常用科学常数，如万有引力常数等。

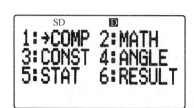

图 2-7　SD 和 REG 模式下计算器菜单选项

5）ANGLE：调出角度单位，包括 10 进制度数、弧度、梯度及度分秒转换等。

6）CLR：削除统计样本、存储器、矩阵、变量等的内容。

7）STAT：在普通计算模式下，用于调出各种统计计算变量；在单变量或双变量统计模式下，用于对统计样本的编辑，以及调出各种统计计算变量。

8）RESULT：在单变量或双变量统计模式下，用于调出全部计算结果。

9）MATRIX：调出矩阵编辑与计算命令。

10）ALPHA：调出英文小写字母字符、希腊大小写字符、下标字符等。

11）→COMP：在单变量或双变量统计模式下返回普通计算模式。

2.3　CASIO *fx-5800P* 计算器的基本计算操作

2.3.1　函数计算

CASIO *fx-5800P* 计算器函数分为 A 型函数和 B 型函数。两者有一定的区别，A 型函数输入时是先输入数值，后按函数键。A 型函数如：x^2、x^{-1}。B 型函数的输入方法是先按函数键，后输入数值。B 型函数如：$\sin$、$\cos$、$\tan$、$\ln$、$\log$、$\sin^{-1}$、$\cos^{-1}$、$\tan^{-1}$等。

除了计算器键面上的函数外，另外有一些函数必须通过菜单选项输入。在 COMP 模式下，按 $\boxed{\text{FUNCTION}}$ $\boxed{1}$，屏幕显示如图 2-8 的函数菜单，可按上、下键翻页切换，则出现图 2-9、图 2-10 所示的内容。

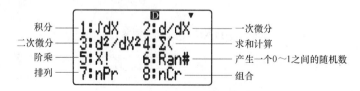

图 2-8　MATH 功能选项下的函数菜单（一）

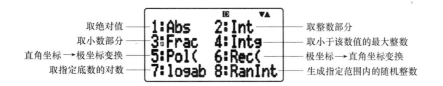

取绝对值 —— 1:Abs　2:Int —— 取整数部分
取小数部分 —— 3:Frac　4:Intg —— 取小于该数值的最大整数
直角坐标→极坐标变换 —— 5:Pol(　6:Rec(—— 极坐标→直角坐标变换
取指定底数的对数 —— 7:logab　8:RanInt —— 生成指定范围内的随机整数

图 2-9　MATH 功能选项下的函数菜单（二）

双曲正弦函数 —— 1:sinh　2:cosh —— 双曲余弦函数
双曲正切函数 —— 3:tanh　4:sinh⁻¹ —— 反双曲正弦函数
反双曲余弦函数 —— 5:cosh⁻¹　6:tanh⁻¹ —— 反双曲正切函数

图 2-10　MATH 功能选项下的函数菜单（三）

2.3.2　表达式计算

（1）一般表达式示例

$$(289.36 + 43.07) \times \sqrt{0.034^2 + 0.076^2} - 1.85 \times 10^2 = -157.3223$$

$$\tan^{-1}(0.0375) = 2.1476$$

（2）分数表达式示例

$$\frac{4}{7} + 2\frac{5}{6} = 3.405 \left(\text{或} \frac{143}{42}\right)$$

$$\ln\left(\frac{2}{3}\right) = -0.405465$$

（3）百分比的使用示例

$$143.065 \times 0.75\% = 0.1073$$

$$10800 \times (1 - 0.75\%) = 10719$$

（4）表达式输入时需注意的问题

1）在运用表达式进行计算之前，可按 $\boxed{\text{AC/ON}}$ 键清除屏幕内容。

2）在 B 型函数、常数、变量名、数值存储器和开括号之前，可以省略乘号（×），使表达式更简捷，如 2sin（132）。

3）表达式最后的圆括号，可以省略。但编者认为，此功能慎用，在对计算器充分熟悉的情况下可以使用，以免出错。

2.3.3　多重语句计算

像编程一样，在 COMP 状态下也可以使用多重语句进行表达式的计算。使用多重语句时，可以用"："或"▲"将语句隔开。如（3 + 2）－ 5 × 4 和 7 ÷ 9 的同时输入。

输入：$3 + 2:Ans － 5 × 4$ ▲ $7 ÷ 9$

将显示：－ 15

0. 777777

2.3.4 角度的输入与计算

对于普通测量工作而言，使用计算器时一般将角度单位设置成 Deg 模式。

（1）度分秒的输入

如输入：297 ｜°′″｜ 32 ｜°′″｜ 18 ｜°′″｜

将显示：297°32′18″

（2）回显成十进制度

如要将上述角度 297°32′18″ 回显成十进制度的形式在（1）的结果显示后，按 ｜°′″｜ 键

将显示：297. 5383333

（3）将度分秒转换成弧度

先按 ｜SETUP｜ 键将角度单位改为弧度（Rad）状态，输入 297°32′18″，再按 ｜FUNCTION｜ ｜5｜ ｜1｜

将显示：5. 193023568

（4）将弧度转换为十进制度

如要将上述弧度 5. 193023568 转换成十进制度或度分秒的角度形式，则先按 ｜SETUP｜ 键将角度单位改为弧度（Deg）状态，输入 5. 193023568，再按 ｜FUNCTION｜ ｜5｜ ｜2｜

将显示：297. 5383333

再按 ｜°′″｜

将显示：297°32′18″

（5）角度的加减运算

297°32′18″ + 104°08′54″ － 180° = 221°41′12″

（6）角度的函数运算

100. 453 × cos（297°32′18″） = 46. 444

100. 453 × sin（297°32′18″） = － 89. 072

2.3.5 直角坐标与极坐标的换算

虽然测量坐标系的 X、Y 轴的正方向以及坐标象限的旋转方向与数学坐标系不

同，但在直角坐标与极坐标的换算过程中，两者所用的数学公式完全一致。也就是说在 CASIO *fx*-5800*P* 计算器中进行直角坐标和极坐标的换算时，对数学坐标系和测量坐标系均适用。

（1）直角坐标转换为极坐标（Pol 函数）

Pol（x，y）函数可以计算出 r、θ，计算出的 r 值存放在字母 I 中，计算出的 θ 值存放在字母 J 中，可随时调用。

这一函数可用于由两点之间的坐标增量，求出两点之间的水平距离和方位角的计算，即坐标反算。

例如，输入 Pol（123.478，−275.009）并按 $\boxed{\text{EXE}}$ 键（回车键），即得根据 ΔX = 123.478，ΔY = −275.009 计算出的距离和方位角：

平距 r = 301.458m

方位角 θ = −65°49′12.36″（加 360°即得 0 ~ 360°的方位角）。

也可以用两个坐标的差值输入，如：

Pol（3023.406 − 3516.948，2803.643 − 2745.009）

（2）极坐标转换为直角坐标（Rec 函数）

Rec（r、θ）函数可以计算出 x、y，计算出的 x 值存放在字母 I 中，计算出的 y 值存放在字母 J 中，可随时调用。

这一函数可根据两点之间水平距离和方位角，求出两点之间的坐标增量，即坐标正算。

例如，输入 Rec（85.074，231°12′33″）并按 $\boxed{\text{EXE}}$ 键，即得坐标增量

ΔX = −53.297

ΔY = −66.310

相当于 85.074 × cos（231°12′33″）= −53.297

85.074 × sin（231°12′33″）= −66.310

2.4　CASIO *fx*-5800*P* 计算器的存储器操作

2.4.1　标准变量存储器

CASIO *fx*-5800*P* 计算器支持使用从 A 到 Z 命名的 26 个变量。在普通计算状态，可以按 $\boxed{\text{STO}}$ 键把数字存储到字母变量中，按 $\boxed{\text{RCL}}$ 键又可将字母变量中存储的数字调用出来。

例如，要把 9999 存储到字母 $A^{\ominus}$ 中，可执行：

9999 |STO| |A|

则屏幕显示：

> 9999→A
> 　　9999

例如，要把字母 A 中的数字调用出来，可执行：

|RCL| |A|

则屏幕显示：

> A
> 　　9999

其他字母可类此操作，字母 M 同时用于独立存储器。

2.4.2　额外变量存储器

若编写程序时，$A \sim Z$ 的 26 个英文字母不够用，此时可添加额外变量。添加额外变量的句法是：

$$N \to \mathrm{Dim}Z$$

句法中，N 是数字，是根据程序内容需要添加额外变量数。DimZ 为额外变量，按 |SHIFT| |·| 输入 DimZ。

额外变量名称由字母"Z"和字母"Z"后的方括号及方括号括起的数字组成，其形式如下：

$$Z[I]$$

括号中的 I 可以是 $1 \sim N$。

例如，在编写某程序时，添加了四个额外变量，其表达式为

$$4 \to \mathrm{Dim}Z$$

其添加的额外变量名称是：Z [1]、Z [2]、Z [3]、Z [4]。其中 Z [1]、Z [2]、Z [3]、Z [4] 可以放置不同的数据内容。程序执行中，若要显示其计算结果，可以在其后加一个显示符号"◢"，即：

$$Z[1] \;◢$$
$$Z[2] \;◢$$
$$Z[3] \;◢$$
$$Z[4] \;◢$$

⊖ 为尊重计算器编程，变量显示在屏幕上，均用正体；其他场合下的变量仍用斜体。此种情况下本书不作统一。——编者注

若要其不显示计算结果，可在其后加回车符"⏎"。

若程序执行中不显示额外变量计算结果，而需调用额外变量的计算结果时，可以在屏幕上输入希望调用计算结果的额外变量的名称，然后按 EXE 键。例如，调用 Z [1] 计算结果，则可按 ALPHA 、 Z 、 ALPHA 、 [、 ALPHA 、] 键，然后按 EXE 键，则屏幕显示（见图2-11）：

```
Z[1]


        XXX. XXXX
```

图2-11　调用额外变量的计算结果

添加额外变量的目的，是为了在程序计算中使用额外变量。例如，额外变量值是 *HZ* 点和 *ZH* 点的坐标 *X* 与 *Y*，利用其值可以计算前缓和曲线、圆曲线、后缓和曲线，及后直线段上任意里程桩号的中桩坐标 *X* 与 *Y*。其计算表达式为：

$$Z[1] + I \to X : Z[2] + J \to Y$$
$$Z[3] + I \to X : Z[4] + J \to Y$$

2.4.3　公式变量存储器

CASIO *fx-5800P* 计算器的内置公式或用户公式使用以下字母：

1）英文小写字母：*abcdefghijklmnopqrstuvwxyz*。

2）希腊字母：$\alpha\beta\gamma\delta\varepsilon\zeta\eta\theta\iota\kappa\lambda\mu\nu\xi o\pi\rho\sigma\tau\upsilon\varphi\chi\psi\omega$；$AB\Gamma\Delta EZH\Theta IK\Lambda MN\Xi O\Pi P\ \Sigma\ T\Upsilon\Phi X\Psi\Omega$。

3）下标字符（数字、英文大小写）：A_1、α_0、ω_1、Δ_X。

2.4.4　独立存储器（*M*）

M 为独立存储器，用于数据的连加或连减多个计算结果。

M 也是一个标准变量。例如：

1）$0 \to M$ 表示把 *M* 中的数字清零。

2）11×22 EXE 242 M+ 表示把计算结果连加到字母 *M* 中，*M* =242。

3）$164 \div 5$ EXE 32.8 M+ 表示把计算结果32.8连加到字母 *M* 中，*M* =274.8。

2.4.5　答案存储器（*Ans*）

答案存储器可以存储最近一次执行的计算结果。用好答案存储器，可以提高我们的计算速度。

例如：$231°12'33'' + 99°58'04'' - 180 = 151°10'37''$

$\sin（Ans）= 0.482106$ （Ans 存放的是上一计算结果 $151°10'37''$）。

2.4.6 存储器内容的清除与释放

使用 ClrMemory 命令可以清除所有变量的内容（使其中的值为 0），包括 26 个基本变量和答案存储器（Ans），但不包括扩充变量。调用 ClrMemory 命令的方法是按 FUNCTION 6 2 EXE 。

当然，要单独清除某一字母变量的值，只需要将 0 赋值给该变量即可，按 0 SHIFT STO K 即可。

使用 ClrMemory 命令可以清除所有公式变量的内容。

使用 ClrStat 命令可以清除所有统计变量的内容。

使用 ClrMat 命令可以清除矩阵变量的内容。

2.5 CASIO fx-5800P 计算器的统计与回归计算

统计和回归计算在测量数据处理过程中应用较广。统计计算一般为 SD 模式，在屏幕状态栏显示有 SD 字样。回归计算一般为 REG 模式，在屏幕状态栏显示有 REG 字样。

在 CASIO fx-5800P 计算器中按 MODE 3 进入统计计算模式，按 MODE 4 进入回归计算模式。

2.5.1 统计数据的输入与编辑

CASIO fx-5800P 计算器中共有三个串列存储器，分别是 List X、List Y、List $Freq$，每个串列可以存储 199 个统计数据。将光标移动到相应的单元格中，输入数据并按 EXE 键即可，如图 2-12 所示。

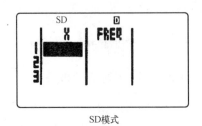

SD 模式

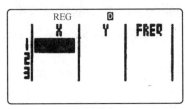

REG模式

图 2-12 统计或回归中的串列

统计数据的编辑包括：替换、删除、插入等操作。如要插入行，则将光标移到该行的任意单元格，按 FUNCTION 5，则屏幕显示功能菜单，按 1 键即可进入数据编辑命令菜单，如图2-13所示。

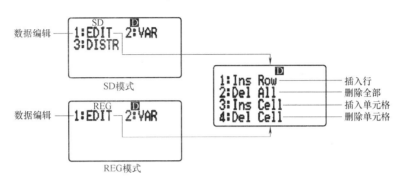

图2-13　在 SD 或 REG 状态进入 FUNCTION 后的操作

2.5.2　统计变量与函数

在 SD 模式或 REG 模式下完成了统计数据的输入后，可以在 COMP 模式下调用统计变量和统计计算结果，其按键是：FUNCTION 7，即可进入统计功能菜单。

2.5.3　单变量统计计算示例

按 MODE 3 进入单变量统计计算模式，屏幕状态行显示 SD。

如用全站仪对某条边测量了八次，其水平距离分别为：103.227m、103.219m、103.222m、103.220m、103.226m、103.224m、103.227m、103.225m，现求其自述平均值 $\bar{x}$ 和一次测距中误差 m。按 FUNCTION 6 RESULT 即得统计结果如下：

$$1 - Variable$$

$$\bar{x} = 103.22375$$

$$\sum x = 825.79$$

$$\sum x^2 = 82541.1405$$

$$x\delta_n = 2.90473 \times 10^{-3}（此即为测距中误差 m）$$

$$x\delta_{n-1} = 3.10529 \times 10^{-3}$$

$$n = 8$$

$$\min X = 103.219$$

$$\max X = 103.227$$

2.5.4 回归计算示例

回归计算属双变量统计计算，按 $\boxed{\text{MODE}}$ $\boxed{4}$ 即可进入该模式，屏幕状态行显示 REG。

CASIO fx-5800P 计算器可以进行七种类型的回归计算，见表2-2。

表2-2 回归类型及回归方程

序　号	回归计算类型	回归方程
1	线性回归	$y = ax + b$
2	二次回归	$y = ax^2 + bx + c$
3	对数回归	$y = a + b\ln x$
4	e 指数回归	$y = ae^{bx}$
5	ab 指数回归	$y = ab^x$
6	乘方回归	$y = ax^b$
7	逆回归	$y = a + b/x$

要查看双变量回归计算结果，只需要在 REG 模式下，按 $\boxed{\text{FUNCTION}}$ $\boxed{6}$ $\boxed{2}$，即可显示回归类型菜单，再按相应的数字选择相应的回归计算类型，即可看到回归计算的结果了。例如对表2-3中部分学生的身高和体重进行回归分析。

表2-3 回归分析样本数据

学生序号	身高/m	体重/kg
1	1.75	66
2	1.69	57
3	1.83	72
4	1.70	70
5	1.65	60
6	1.71	63
7	1.80	78
8	1.59	61

按 $\boxed{\text{MODE}}$ $\boxed{4}$ 在 List X 和 List Y 列中分别输入身高和体重。按 $\boxed{\text{FUNCTION}}$ $\boxed{6}$ $\boxed{2}$ $\boxed{1}$ 选择线性回归，则结果如下：

$$y = ax + b \tag{2-1}$$

$$a = 68.5141509$$

$$b = -51.626768$$

$$r = 0.75748965$$

如按 FUNCTION 6 2 6 选择乘方回归，则结果如下：

$$y = ax^b \tag{2-2}$$

$$a = 25.7716739$$

$$b = 1.73365518$$

$$r = 0.74916392$$

需要说明的是，r 为相关系数，其值越接近 1，说明两组数据之间的相关性越好，回归方程的选择越正确。

2.6　CASIO *fx*-5800*P* 计算器的其他常用功能

2.6.1　屏幕公式的计算

在 COMP 模式下，在计算器屏幕上输入一个或多个公式（以"："或"◢"隔开），然后对其进行相应的计算操作。

（1）CALC 命令计算方法一

屏幕公式一般使用变量 $A \sim Z$，等式左边为一个单变量，右边为一个表达式，如：$Y = 7A - 4B^2$。输入公式后，可以用 CALC 命令对公式求解，只需要输入变量的值即可计算出结果，并可多次改变变量的值，进行多次求解。

例如，输入公式 $D = \sqrt{X^2 + Y^2}$，按 CALC 键（输入公式不用按 EXE 键），输入

$$X = 5,$$

$$Y = 8,$$

则　　　　　　　　　　　$D = 9.433981132$。

再按 EXE 键，又重新输入

$$X = 56.36,$$

$$Y = -34.25,$$

则　　　　　　　　　　　$D = 65.95083093$。

（2）CALC 命令计算方法二

在普通计算界面，输入 $A + B$，如果按 EXE 键，屏幕一般显示 0。请按 CALC 键显示如下界面：

$$A + B$$

$$A = 0$$

$$B = 0$$

当光标在 $A = 0$ 的时候，输入 A 值，如 30。当光标在 $B = 0$ 的时候输入 B 值，如 50。按 $\boxed{\text{EXE}}$ 键计算出答案。

再按 $\boxed{\text{EXE}}$ 键则重新开始计算。

2.6.2 内置公式的计算

CASIO fx-5800P 计算器有 128 个内置公式，下面列出一些平常可能会用到的公式，见表 2-4。

表 2-4 CASIO fx-5800P 计算器的部分内置公式

序号	显示名称	公　式	功　能	备　注
1	2-Line Int	$\theta = \tan^{-1}\left(\dfrac{m_2 - m_1}{1 + m_1 m_2}\right)$	求两条直线的夹角	
2	Area&IntAngl	$A = \cos^{-1}\sqrt{\dfrac{b^2 + c^2 - a^2}{2bc}}$	根据三角形的三条边求三个内角	
3	AxisMov&Rota	$X_P = (x_P - x_0)\cos\alpha + (y_P - y_0)\sin\alpha$ $Y_P = (y_P - y_0)\cos\alpha - (x_P - x_0)\sin\alpha$	坐标转换计算	
4	C-PointCoord	$\text{Pol}(X_B - X_A, Y_B - Y_A)$ $X_P = l \cdot \cos\alpha + X_A$ $Y_P = l \cdot \sin\alpha + Y_A$	求直线上任一点的坐标	
5	Coord Calc	$X_P = l \cdot \cos\alpha + X_A$ $Y_P = l \cdot \sin\alpha + Y_A$	根据直线一端点坐标和直线长度及方位角求另一点坐标	

（续）

序号	显示名称	公　式	功　能	备　注
6	CosinTheorem	$a = \sqrt{b^2 + c^2 - 2bc\cos A}$	余弦定理，根据三角形两条边长及夹角求对边边长	
7	Dist&DirecAn	$\mathrm{Pol}(X_B - X_A, Y_B - Y_A)$	根据直线两点坐标求直线长度及方位角	
8	IntsecCoordl	$x = \dfrac{nX_3 - mX_1 + Y_1 - Y_3}{n - m}$ $y = m(x - X_1) + Y_1$ $\left(\begin{aligned} m &= \dfrac{Y_2 - Y_1}{X_2 - X_1} \\ n &= \dfrac{Y_4 - Y_3}{X_4 - X_3} \end{aligned} \right)$	求两直线（四个点坐标）交点坐标	
9	IntsecCoord2	$x = \dfrac{nX_3 - mX_1 + Y_1 - Y_3}{n - m}$ $y = m(x - X_1) + Y_1$ $\left(\begin{aligned} m &= \dfrac{Y_2 - Y_1}{X_2 - X_1} \\ n &= \tan\alpha \end{aligned} \right)$	求两直线（三个点坐标和一条直线的方位角）交点坐标	
10	Point-Point	$l = \sqrt{(x_2 - x_1)^2 + (y_2 - y_1)^2}$	求两点之间的距离	
11	SineTheorem3	$a = \dfrac{b \cdot \sin A}{\sin B}$	正弦定理，根据三角形一条边及其对角，求另一个已知角的对边长	
12	V-Line&Dist	$x = \dfrac{mX_A + \dfrac{1}{m}X_C - Y_A + Y_C}{m + \dfrac{1}{m}}$ $y = Y_A + m(x - X_A)$ $l = \sqrt{(X_C - x)^2 + (Y_C - y)^2}$ $\left(m = \dfrac{Y_A - Y_B}{X_A - X_B} \right)$	根据一已知直线（两点坐标）和直线外一点，求点到直线距离和垂足坐标	

调用内置公式时，可在 COMP 模式下，按 FMLA 键，此时屏幕显示按字母顺序排序的公式名称。按上下键找到需要用的公式按 EXE 键就可执行该公式。

如选择公式 Cir;coneVol 计算体积：

$$V = \frac{1}{3}\pi r^2 h \tag{2-3}$$

式中　r——锥体底面的半径（m）；

h——锥体的高度（m）；

V——锥体的体积（m³）。

$$r = 10$$

$$h = 5$$

$$V = (1 \;↵\; 3)\pi r^2 h = 523.5987756$$

2.6.3　用户公式的计算

除了屏幕公式和内置公式，CASIO fx-5800P 计算器还有用户公式，即用户将某个公式存储在计算器内供需要时调用，这个公式称为用户公式。

创建和保存新公式的操作需要在程序模式（PROG 模式）下进行，其操作与创建和保存程序的步骤相同，只是在输入文件名后按 EXIT 键执行保存时，计算器会显示程序运行模式的选择屏幕，此时按 3 键选择 Formula 选项即可。

公式变量只能用 $A \sim Z$ 之间的字母，不能用额外变量，这是与程序编辑的不同之处。

调用用户公式的方法是按 FMLA 键调出内置公式，并给变量赋值，即可计算出结果。

示例如下：

1）按 MODE 5 进入编程状态。

2）按 1 键选择新建程序，并输入文件名，如 "GS"。

3）按 3 键选择 Formula 文件模式。

4）在屏幕上输入公式：$S = D\tan(K) + I - V$ 并退出，即可保存公式。

5）按 MODE 1 进入 COMP 状态，按 FMLA 键，按 1 键选择 Original 选项，选择对应的用户公式，如 "GS"，并按 EXE 键。

6）输入以下观测数据：

$$D = 80$$

$$K = -5°30'18''$$

$$I = 1.57$$

$$V = 2.76$$

7）则公式计算出：$S = D\tan(K) + I - V = -8.90016996$

2.6.4　微积分计算

（1）微分计算

CASIO *fx*-5800*P* 计算器可以计算函数 $y = f(x)$ 在 $x = a$ 处的一次微分值或二次微分值。

一次微分表达式为：$f'(a) = \dfrac{\mathrm{d}f}{\mathrm{d}x}\bigg|_{x=a}$，其输入格式为：$\mathrm{d}/\mathrm{d}x(f(x), a, \Delta x)$。

二次微分表达式为：$f''(a) = \dfrac{\mathrm{d}^2 f}{\mathrm{d}x^2}\bigg|_{x=a}$，其输入格式为：$\mathrm{d}^2/\mathrm{d}x^2(f(x), a, \Delta x)$。

符号 $\mathrm{d}/\mathrm{d}x(f(x), a, \Delta x)$ 和 $\mathrm{d}^2/\mathrm{d}x^2(f(x), a, \Delta x)$ 在 FUNCTION ① ② 中输入。

为提高精度，Δx 一般输入一个很小的数，如 1×10^5，也可以省略。

例 1：求函数 $y = 2x^3 + 3x^2 - x + 5$ 在 $x = 4$ 上的导数，则输入 $\mathrm{d}/\mathrm{d}x(2x^3 + 3x^2 - x + 5, 3)$ 后，计算结果为 39。

例 2：求函数 $y = 2x^3 + 3x^2 - x + 5$ 在 $x = 4$ 上的二次微分值，则输入 $\mathrm{d}^2/\mathrm{d}x^2(2x^3 + 3x^2 - x + 5, 3)$ 后，计算结果为 42。

例 3：求函数 $y = \sin x - \cos x$ 在 $x = 30°$ 上的导数，则输入 $\mathrm{d}/\mathrm{d}x(\sin(x) - \cos(x), \pi \div 6)$ 后，计算结果为 0.017612。

（2）定积分计算

定积分 $\displaystyle\int_a^b f(x)\,\mathrm{d}x$ 的表达式输入格式为 $\displaystyle\int(f(x), a, b, tol)$。按 FUNCTION ① ① 输入。

例 4：要计算 $\displaystyle\int_{a_1}^4 (2x^3 + 3x^2 - x + 5)\,\mathrm{d}x$ 的值，则输入 $\displaystyle\int(2x^3 + 3x^2 - x + 5, 1, 4)$ 后，计算结果为 198。

2.6.5　矩阵计算

在 CASIO *fx*-5800*P* 计算器中可以完成矩阵的计算。该型号计算器共有 Mat *A*、Mat *B*、Mat *C*、Mat *D*、Mat *E*、Mat *F*、Mat *Ans* 七个矩阵存储器。矩阵的行列数最大为 10×10。计算时，可以输入 Mat *A* ~ Mat *F* 六个矩阵，而 Mat *Ans* 矩阵仅用于存储矩阵运行结果。

在两个矩阵 *A*、*B* 的行列数相等时，可以完成两矩阵之间的加或减。在矩阵 *A* 的列数与 *B* 矩阵的行数相等时，可以完成两矩阵之间的乘积计算。

按 FUNCTION 8 1 可以选择 EDIT 定义矩阵，或输入与编辑矩阵中的数值。例如定义矩阵 Mat *A* 为 2×2 的矩阵，则 $m = 2$，$n = 2$，并在其中输入数据，如 $\begin{bmatrix} 2 & 0 \\ 3 & -1 \end{bmatrix}$。

按 FUNCTION 8 2 选择 Mat，可以输入矩阵的符号 Mat。

按 FUNCTION 8 3 选择 det，可以计算出矩阵的行列式值，如 det（Mat *C*）。例如要求矩阵 Mat *A* 行列式的值，则计算 $\begin{bmatrix} 2 & 0 \\ 3 & -1 \end{bmatrix}$ 的行列式的值为 -2。

按 FUNCTION 8 4 可以选择 Trn，可以求出矩阵的转置矩阵，如 Trn（Mat *A*）。例如要求矩阵 Mat *A* 转置矩阵，则 $\begin{bmatrix} 2 & 0 \\ 3 & -1 \end{bmatrix}$ 的转置矩阵为 $\begin{bmatrix} 2 & 3 \\ 0 & -1 \end{bmatrix}$。

矩阵计算的结果存储在 Mat *Ans* 中，如要将结果保存在 Mat *E* 中，则只需要执行操作：Mat *Ans*→Mat *E* 即可。

2.6.6 复数计算

在 CASIO *fx*-5800*P* 计算器以及一些高端图形计算器中，复数可用于编程计算，特别是在直角坐标和极坐标的转换过程中。

复数的表示方法通常是 $a + bi$。a 是实部，b 是虚部，i 是复数的符号。以实部为横轴，虚部为纵轴建立平面坐标系，则 $r = \sqrt{a^2 + b^2}$ 为复数 $a + bi$ 的模，$\theta = \tan^{-1}\left(\dfrac{b}{a}\right)$ 称为复数 $a + bi$ 的辐角，如图 2-14 所示。

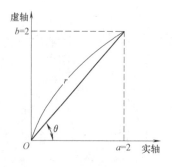

图 2-14　复数的模和辐角

复数 $a+bi$ 属直角坐标格式，在 CASIO *fx-5800P* 计算器中，复数还有另外一种表示方式，即极坐标格式。以 $r\angle\theta$ 表示。两种格式可以相互转换。

　　CASIO *fx-5800P* 计算器提供了七个复数计算函数，按 $\boxed{\text{FUNCTION}}$ $\boxed{2}$ 可以调出复数计算函数菜单屏幕，如图 2-15 所示。

图 2-15　复数计算函数

　　该函数在测量中可以进行坐标反算和坐标正算。将 X 坐标增量和 Y 坐标增量写成实部和虚部，从而直接计算模和辐角，也就是求出两点间的水平距离和方位角。如果以极坐标的方式表示复数，则转换成直角坐标形式就计算出了纵横坐标增量。

　　例如：将直角坐标 $100+200i$ 转换为极坐标形式，则只需要在输入 $100+200i$ 后，按 $\boxed{\text{FUNCTION}}$ $\boxed{2}$ $\boxed{6}$ $\boxed{\text{EXE}}$，即得 $223.6067977\angle63.43494882$。前者为水平距离，后者为方位角的十进制度数形式。

　　例如：将极坐标 $223.6\angle63°26'06''$ 转换为直角坐标形式，则只需要在输入 $223.6\angle 63°26'06''$ 后，按 $\boxed{\text{FUNCTION}}$ $\boxed{2}$ $\boxed{7}$ $\boxed{\text{EXE}}$，即得 $99.997+199.994i$。前者为纵坐标增量，后者为横坐标增量。

2.6.7　方程式计算

　　CASIO *fx-5800P* 计算器提供了二元一次方程、三元一次方程、四元一次方程、五元一次方程、一元二次方程、一元三次方程共六种方程形式。用方程式进行计算时，只需要在屏幕上填写方程式系数后，即可求出方程式的解。

　　按 $\boxed{\text{MODE}}$ $\boxed{8}$ 进入方程式计算模式，选择上述六种方程式之一，则屏幕上会显示方程式系数编辑器。完成系数输入后，按 $\boxed{\text{EXE}}$ 键，就可求出方程式的解。

　　例如：某方程为一个四元一次方程组，如下：

$$\begin{cases} 3.80x_1 + 4.15x_2 - 0.95x_3 + 5.26x_4 = 5.00 \\ 3.31x_1 + 2.71x_2 + 1.94x_3 - 0.98x_4 = -6.50 \\ 1.82x_1 + 2.00x_2 + 1.52x_3 + 5.12x_4 = 7.50 \\ 4.99x_1 + 3.65x_2 - 0.95x_3 + 5.25x_4 = 5.00 \end{cases}$$

$$X = -0.4231696011(表示 x_1 的值)$$
$$Y = -1.048368449(表示 x_2 的值)$$
$$Z = -0.1227912506(表示 x_3 的值)$$
$$T = 2.061239897(表示 x_4 的值)$$

其他方程式类此进行计算。

2.6.8 用 $\boxed{\text{SOLVE}}$ 键完成方程式计算

在普通计算界面，输入 $A + B = C$，如果按 $\boxed{\text{EXE}}$ 键，屏幕一般显示 0。按 $\boxed{\text{SOLVE}}$ 键显示如下界面：

$$A + B = C$$
$$A = 30$$
$$B = 50$$
$$C = 0$$

当光标在 $A = 0$ 的时候输入 A 值，如 30。当光标在 $B = 0$ 的时候输入 B 值，如 50。移动光标到 $C = 0$，按 $\boxed{\text{SOLVE}}$ 键，方程求解完成。

$$A + B = C$$
$$C = 0 \quad 80.000$$
$$L - R = 0$$

上式中 $L - R$ 起检核作用，即等式左右相当，相减为 0。

如输入 A、C 的值后，把光标移到 "$B =$" 后，再按 $\boxed{\text{SOLVE}}$ 键，则求解出 B 值。

练 习 题

2-1 CASIO fx-5800P 计算器的键盘主要分为哪几个区域？各有什么键？

2-2 CASIO fx-5800P 计算器的计算模式主要有哪些？

2-3 要完成日常测量计算，一般需要作哪些设定？

2-4 CASIO fx-5800P 计算器的 FUNCTION 菜单各有哪些功能？

2-5 说明直角坐标和极坐标换算函数的使用方法。

2-6 CASIO fx-5800P 计算器有多少个存储键？使用时如何操作？

2-7 举例说明如何定义和使用额外变量？

2-8 调查本班 10 个同学的身高，并用计算器进行统计计算。

2-9 调查本班 10 个同学的身高和体重，并进行回归计算，写出最佳的回归方程。

2-10　以三角形面积计算公式 $S = \dfrac{1}{2}ab\sin C$ 为例，先存入屏幕公式，再调用进行多个三角形面积的计算。

第3章　编程基础知识

　内容概述

　　本章主要介绍计算器编程中的变量与常量、建立程序的步骤和输入运行程序的方法。其中重点说明了在计算器编程过程中使用频率最高的转移语句、条件语句、循环语句、子程序和额外变量的语法格式和应用技巧。

3.1　变量和常量

　　计算器编程中的常量与计算机编程中的常量稍有不同，它是指在程序执行中，从计算开始到计算结束，只输入一次已知数据的量，我们将其称为常量。即在程序运算过程中只输入一次数据，不再输入别的数据。这个数据是已知数据，是个不变数，是常量。比如，常数206265可以放在字母 P 中，编程过程中，就可以用 P 代替206565这一数值了，这个 P 就是常量。

　　所谓变量，在程序执行中，从计算开始到计算结束，每需计算一个结果，就要重新输入一个数据，这个数据被称为变量。即在程序运算过程中，这个变量输入的数据是个变数。每输入一个数据，就有一个新的计算结果。比如在极坐标放样要素计算程序中，待放样点的 X、Y 坐标就在不断变化，每输入一个点的坐标，就计算出放样要素的角度和距离，这里输入的坐标 X、Y 就是变量。

　　例如水准前视法测高计算公式：

$$Z + A - B = H \tag{3-1}$$

式中　Z——已知水准点高程（m）；

　　　A——该点水准标尺度数（m）；

　　　B——待测点上水准标尺读数（m）；

　　　H——高程，因不同的读数 B，产生的不同的计算结果（m）。

　　在一个测站上，Z 和 A 为常量，前视读数 B 为变量，计算结果 H 也是变量。

无论是常量，还是变量，通过键盘输入其数值的方法是类似的。如针对上式编写程序时，可以用以下语句输入：

"Z = "? Z ↵	键盘输入 Z 值
"A = "? A ↵	键盘输入 A 值
"B = "? B ↵	键盘输入 B 值
"H = "：Z + A − B→H ◢	显示 H 值
"END"	结束

需要说明的是，在 CASIO fx-5800P 计算器以上版本的图形计算器中，如 CASIO fx-7400、CASIO fx-9750、CASIO fx-9860 等计算器，则不能省略 "→" 赋值符号，只能用下列方式表示。

"Z = "? →Z ↵	键盘输入 Z 值
"A = "? →A ↵	键盘输入 A 值
"B = "? →B ↵	键盘输入 B 值
"H = "：Z + A − B→H ◢	显示 H 值
"END"	结束

而在 CASIO fx-5800P 计算器中，上述两种方式均可以使用，主要是与 CASIO fx-5800P 计算器以前的版本兼容，如 CASIO fx-4850 计算器、CASIO fx-4800 计算器、CASIO fx-4500 计算器等。

在 CASIO fx-5800P 计算器中，虽然 "A = "? A 语句和 "A = "? →A 语句可以相互替代，但还是有很大的区别。两者在程序初次运行时，没有区别，但当程序再次运行时，前者会显示字母 A 中的原有数值，而后者则显示 "A = "?，等待输入。

3.2 程序的输入与运行

3.2.1 输入程序

在 CASIO fx-5800P 计算器中，如果要新建一个程序，则按 $\boxed{\text{MODE}}$ $\boxed{5}$ （Prog） 键，此时屏幕显示程序菜单，如图 3-1 所示。

按 $\boxed{1}$ 键创建新程序，此时计算器锁定字母输入状态，屏幕状态栏左上方显示 A，并在光标闪烁处等待用户输入新程序的文件名，如图 3-2 所示。

所输入的程序文件名最多有 12 个字符。有效字符包括英文字母、顿号、空格、数字 0 ~ 9、小数点、运算符号 （ + − × ÷ ） 等。程序名可用英文或拼音命名，便于记忆。一个文件名不论长短，均会占用 12 字节的存储容量。

图 3-1　程序模式菜单

图 3-2　输入新建程序文件名

输入文件名并按 EXE 键后，屏幕会出现如图 3-3 所示的程序运行模式菜单选项。程序运行模式共有三种：一是在 COMP 模式中执行的计算，包括矩阵、复数和统计计算；二是在 BASE-N 模式下执行的基数计算；三是公式类型的计算，主要是用户公式 Formula 的计算。

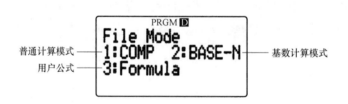

图 3-3　程序运行模式菜单

上述三种模式中，第二种很少用到，而 Formula 主要用于定义用户公式，也不是经常使用。所以，用得最多的是在 COMP 模式中进行的计算。

按 1 键，选择 COMP 模式，即可进入程序输入编辑界面。如果是新建程序，屏幕呈空屏状态，仅在第一行第一列有一个光标在闪烁。在此状态下，可以逐行输入程序内容并按 EXE 键。当所有程序内容输入完毕后，即可保存程序内容并返回到上一级主菜单界面，如图 3-1 所示。

例如，根据半径计算圆的周长、球体的表面积和球体的体积。则输入如下文件名

为 "RLSV" 的程序：

"R = " R ↵	键盘输入半径 R 值
"L = "：$2 \times \pi \times R$ ◢	显示周长
"S = "：$4 \times \pi \times R^2$ ◢	显示面积
"V = "：$4 \div 3 \times \pi \times R \wedge$（3）◢	显示体积
"END"	结束

3.2.2　运行程序

在 CASIO fx-5800P 计算器中，运行程序有以下三种方式。

（1）在程序菜单下选择 RUN 运行程序。

（2）在普通计算模式下，按 FILE 键来运行程序。

（3）在普通计算模式下按 SHIFT PROG 来运行程序，例如 SHIFT PROG + "RLSV"。

运行上述程序时，按照屏幕的提示，先输入半径 R 值，如 10，并按 EXE 键，则计算器显示圆的周长 L = 62.831，然后按 EXE 键，则显示球体的表面积 S = 1256.637，再按 EXE 键，则显示球体的体积 V = 4188.790。

计算完成后，再接着按 EXE 键，则程序又重新开始执行。

如果要退出程序的运行状态，则按两次 AC 键即可。

3.2.3　编程时所用到的主要符号

CASIO fx-5800P 计算器在将程序输入计算中时，所用到的符号除了在计算器面板上的个别符号外，其余均可按 FUNCTION 3 在 PROG 当中找到。符号主要有：

:（分隔符）：语句分隔符号，相当于 EXE 键。

◢：显示输出命令。

↵：回车符号，即换行命令，等同于一个 ":" 的功能。

?：变量键盘输入命令。

→：变量赋值命令。

If Then Else If End：条件语句。

Lbl：行号标记符，Lbl 0 ~ 9，Lbl A ~ Z。

Goto：无条件转移命令。

$= \neq > < \geq \leq$：数学运算符。

DSZ：减 1 计数循环。

ISZ：加 1 计数循环。

⇒：执行语句命令，可代替条件语句 If…Then…IfEnd。

Locate：屏幕光标定位。

Cls：清除屏幕命令。

And、Or、Not：逻辑运算符。

For To Step Next：循环语句。

While W·End：循环语句。

Do Lp·W：循环语句。

Break：暂停语句。

Return：子程序返回主程序的返回命令。

Stop：强制终止程序命令。

Getkey：返回按键代码命令。

3.3　转移语句

在 CASIO *fx*-5800*P* 计算器的编程过程中，无条件转移语句是使用频率较高的，其语法规则较为简单。

1）语法如下：

Goto *n*

……

Lbl *n*

或

Lbl *n*

……

Goto *n*（*n* 是从 0 到 9 之间的整数）

或

Lbl *E*

……

Goto *E*

（*n* 是从 *A* ~ *Z* 的变量名称）

功能：Goto *n* 会转移到相应的 Lbl *n*，实现无条件的转移。

值得注意的是，如果在 Goto *n* 所处的同一程序中没有相应的 Lbl *n*，则会发生转移错误（GoERROR）。

2）示例1：四则运算。

"A＝"? A↵	键盘输入A值
Lbl 1↵	语句标号
"B＝"? B↵	输入B值
A×B÷2◢	显示计算结束
Goto 1↵	转移到语句Lbl 1
"END"	结束

运行程序时，键盘输入"$A＝$"4，然后再输入"$B＝$"5，则显示计算结果为10，再按 EXE 键，然后继续输入新的A、B值，又重新计算出另一结果，实现了无条件转移功能。

3）示例2：散点坐标计算。

Fix 3："X1＝"? A："Y1＝"? B↵	设置小数取位，键盘输入X_1、Y_1值
Lbl 1↵	语句标号
"FWJ"? C↵	输入方位角
"DIST＝"? D↵	输入距离
"X2＝"：A＋Dcos（C）◢	计算X_2值
"Y2＝"：B＋Dsin（C）◢	计算Y_2值
Goto 1↵	转移到Lbl 1执行

程序运行时，输入$A＝100$，$B＝100$，$FWJ＝100$，$DIST＝30$，结果显示的是：

$$X_2 = 94.791$$

$$Y_2 = 129.544$$

4）上述程序如果改为以下程序，则在键盘输入数据时，则会有较大的不同，但计算结果一样。请多运行几次，并注意体会其中的差别。

Fix 3："X1＝"? →A："Y1＝"? →B↵	设置小数取位，键盘输入X_1、Y_1值
Lbl 1↵	语句标号
"FWJ"? →C↵	输入方位角
"DIST＝"? → D↵	输入距离
"X2＝"：A＋Dcos（C）◢	计算X_2值
"Y2＝"：B＋Dsin（C）◢	计算Y_2值
Goto 1↵	转移到Lbl 1执行
"END"	结束

3.4 条件语句

3.4.1 条件语句格式 1（If…Then …Else…IfEnd）

1）语法如下：

If（条件表达式）

Then（表达式）

Else（表达式）

IfEnd

…

该条件语句的功能是：当条件为真时，则执行 Then 后面的语句；当条件为假时，则执行 Else 后面的语句，然后再执行 IfEnd 后面的语句（无论真假均要执行）。

2）示例如下：

"A ="? →A ↵	键盘输入 A 值
If A < 10 ↵	如果 A 小于 10
Then 10A ◣	则输出 10×A 的值
Else 9A ◣	否则输出 9×A 的值
IfEnd ↵	条件语句结束
Ans×1.5 ◣	再用上一步计算答案乘以 1.5
"END"	结束

运行程序，输入 5，结果显示为 50，再按 EXE 键显示为 75。

如果输入 12，结果显示为 108，再按 EXE 键显示为 162。

3）"Else（表达式）"可以省略，示例如下：

"A ="? →A ↵	键盘输入 A 值
If A > 10 ↵	如果 A 大于 10
Then 10×A→A ↵	则输出 10×A 的值
IfEnd ↵	条件语句结束
Ans×1.5 ◣	再用上一步计算答案乘以 1.5
"END"	结束

运行程序，输入 20，显示为 300。

4）上例也可写成一行或多行，如：

"A =":? →A：If A > 10：Then 10A→A：IfEnd：Ans×1.5

注意体会两者之间的区别。

3.4.2 条件语句格式2 (……⇒……)

语法: (条件表达式) ⇒ (语句1) : (语句2) : ……

这是一个条件分支命令。如果 ⇒ 命令左侧的条件为真，则执行 (语句1)，然后执行 (语句2) 及其以后的所有语句。如果 ⇒ 命令左侧的条件为假，则跳过 (语句1)，直接执行 (语句2) 及其后面的所有语句。

例如:

Lbl 1 ↵	语句标号
? A ↵	输入 A 值
$A \geq 0 \Rightarrow \sqrt{}$ (A) ◣	如果 A 大于等于0则显示计算结果
Goto 1 ↵	返回语句 Lbl 1
"END"	结束

运行程序，输入 $A = 64$，则显示8。

如果输入 $A = -16$，则不进行任何计算，继续重新输入 A 值。

3.4.3 两种条件语句的比较

两种条件语句是可以相互代替的，并且可以嵌套，在 CASIO fx-5800P 计算器中，条件语句的嵌套最多可达10层。下面举例对两种语句进行比较，例如:

1) 使用 If 语句。

"A =" ? A ↵	键盘输入后视边方位角
"B =" ? B ↵	键盘输入水平角
A + B→F ↵	计算前视边反方位角
If F < 180 ↵	如果小于180
Then F + 180→F ↵	则加180
Else F − 180→F ↵	否则减180
IfEnd ↵	条件语句结束
"FWJ =" : F ◣	显示前视边方位角
"END"	结束

运行程序，输入 $A = 56$，$B = 23$，则计算出 $FWJ = 259$。

如果输入 $A = 156$，$B = 123$，则计算出 $FWJ = 99$。

2) 使用 ⇒ 语句。

"A =" ? A ↵	输入后视边方位角

"B = "? B ↵	输入水平角
A + D − 100→F ↵	计算前视边方位角
F < 0 ⇒ F + 360→F ↵	如果方位角小于 0，则加 360
"FWJ = "：F ◢	显示方位角
"END"	结束

运行程序，输入 $A = 155$，$B = 129$，则计算出 $FWJ = 104$。

如果输入 $A = 55$，$B = 29$，则计算出 $FWJ = 264$。

3.4.4　If 语句可以用 And、Or、Not 等逻辑运算符

例如：

? A：? B ↵	键盘输入 A、B 值
If A = 2 And B > 0 ↵	如果 A 等于 2 和 B 大于 0
Then A ÷ B→C ↵	则计算 $A ÷ B$ 值
Else B ÷ A→C ↵	否则计算 $B × A$
IfEnd ↵	条件语句结束
"C = "：C ◢	显示计算结果
"END"	程序结束

运行程序，输入 $A = 5$，$B = 12$，则计算出 $C = 2.4$。

如果输入 $A = 2$，$B = 12$，则计算出 $C = 0.167$。

3.5　循环语句

循环语句有 For 循环、Do 循环、While 循环三种基本形式，在编程过程中各有特点，可根据编程需要进行选择。

3.5.1　For 循环

（1）语法

For〈表达式（始值）〉→〈变量（控制变量）〉To〈表达式（终值）〉Step〈表达式（步长）〉

〈语句〉

……

〈语句〉

Next

……

（2）功能

For 到 Next 之间的语句重复执行，每次执行时，控制变量都加步长值（从始值开始）。

（3）示例

For 1→A To 10 Step 0.5 ↵	循环语句，A 为循环变更，从 1 到 10，步长 0.5
A×2→B ↵	计算 B 值
B ◣	显示 B 值
Next ↵	循环语句
"END"	结束

（4）其他形式

当步长为 1 时，Step 可以省略。如上例的步长由 0.5 改为 1，则程序可以改为：

For 1→A To 10 ↵	循环语句，A 为循环变更，从 1 到 10
A×2→B ↵	计算 B 值
B ◣	显示 B 值
Next ↵	循环语句
"END"	结束

再举一个例子，说明该循环语句的用法。

例如要计算 $2^0 + 2^1 + 2^2 + \cdots + 2^{62} + 2^{63}$ 的值，则用 For 循环语句编写的程序如下：

0→S ↵	把 0 赋值给 S
For 0→I To 63 ↵	循环语句，I 为循环变量
S+2∧（I）→S ↵	求和并存入 S
Next ↵	循环语句
"S=": S ◣	显示 S 值
"END"	结束

运行程序，得 $S = 1.844674407 \times 10^{19}$。

（5）注意事项

For 语句始终伴随有 Next 语句。使用 For 而没有相应的 Next 将产生语法错误（SyntaxERROR）。

3.5.2 Do 循环

（1）语法

Do

〈语句〉

……

〈语句〉

LpWhile 〈条件语句〉

（2）功能

只要 LpWhile 后面的条件语句为真（非零），则从 Do 到 LpWhile 之间的语句就会重复。由于在执行 LpWhile 之后评估该条件，所以从 Do 到 LpWhile 之间的语句至少执行一次。

（3）示例

Do：? →A	Do 循环语句开始，键盘输入 A 值
A×2→B：B ▲	计算 B 值，并显示
LpWhile B＞10	循环条件
"END"	结束

注意：LpWhile 在功能菜单上选择"Lp·W"即可输入。

运行程序，如果输入 $A = 6$，则计算显示出 $B = 12$，并循环输入 A 值。

如果输入 $A = 5$ 或以下各值，则计算出 $B = 10$ 后，不再循环，程序运行结束。

例如，要计算 $2^0 + 2^1 + 2^2 + \cdots + 2^{62} + 2^{63}$ 的值，则用 Do 循环语句编写的程序如下：

0→S ↵	将 S 置 0
0→I ↵	将 I 置 0
Do ↵	Do 循环
S+2∧I→S ↵	对每项求和并存入 S
I+1→I ↵	循环变量增加
LpWhile I≤63 ↵	循环条件
"S＝"：S ▲	显示 S 值

运行程序，得 $S = 1.844674407 \times 10^{19}$。

3.5.3　While 循环

（1）语法

While

…

While W·End

（2）功能

只要 While 后面的条件语句为真，则从 While 到 WhileEND 之间的语就会重复执行，直到条件为假时跳出该循环，执行循环体后面的语句。

（3）示例

0→A ↵	将 A 置 0
1→B ↵	将 1 输入 B
While B≤100 ↵	循环条件
B + A→A ↵	将 B 累加到 A 值中
B + 1→B ↵	B 值每循环一次加 1
While W·End ↵	循环语句结束
"A = "：A ◢	显示总和 A 值

注意，在功能菜单上选择"W·END"即可输入 WhileEND。

运行程序，结果显示 A = 5150。

例如，要计算 $2^0 + 2^1 + 2^2 + \cdots + 2^{62} + 2^{63}$ 的值，则用 While 循环语句编写的程序如下：

0→S ↵	将 A 置 0
0→I ↵	将 I 置 0
While I≤63 ↵	循环条件
S + 2∧（I）→S ↵	对每项累加求和
I + 1→I ↵	循环变量每次加 1
While W·End ↵	循环语句结束
"S = "：S ◢	显示 S 值
"END"	程序结束

运行程序，得 $S = 1.844674407 \times 10^{19}$。

3.5.4 计数循环

（1）DSZ（减 1 计数循环）

DSZ（递减，如果等于 0 则跳过）。

句法：DSZ〈变量〉：〈语句 1〉：〈语句 2〉：……

功能：〈变量〉的值递减 1。〈变量〉值非零，则执行〈语句 1〉，然后执行〈语句 2〉以及后面的所有内容。〈变量〉值为零，则会跳过〈语句 1〉和〈语句 2〉而执行该命令后的所有内容。

示例 1：

10→A ↵	将 10 输入 A
0→C ↵	将 C 置 0
Lbl 1 ↵	语句标号

? →B ⏎	输入 B 值
B + C→C ◢	将 B 值累加到 C 中
DSZ A ⏎	循环变量递减 1
Goto 1 ⏎	无条件转移语句
C ÷ 10 ◢	显示最终 C 值
"End"	结束

运行程序，输入 B 值并累加到 C 中，再显示出来……重复输入 10 个数，并累加显示到 C 中。

注：A 用于计数。

（2）ISZ（加 1 计数循环）

ISZ（递增，如果等于 0 则跳过）。

句法：ISZ〈变量〉:〈语句 1〉:〈语句 2〉:……

功能：〈变量〉的值递增 1。〈变量〉值非零，则执行〈语句 1〉，然后执行〈语句 2〉以及后面的所有内容。〈变量〉值为零，则会跳过〈语句 1〉而执行〈语句 2〉及其后面的所有内容。

示例 2：

− 10→A ⏎	将 − 10 输入 A
0→C ⏎	将 C 置 0
Lbl 1 ⏎	语句标号
? →B ⏎	输入 B 值
B + C→C ⏎	将 B 值累加到 C 中
ISZ A ⏎	循环变量递增 1
Goto 1 ⏎	无条件转移语句
C ÷ 10 ◢	显示最终 C 值
"END"	结束

运行程序，输入 B 值并累加到 C 中，重复输入 10 个数，累加后得到计算值。例如分别输入 1、2、3…10，则计算结果为 5.5。

注：A 用于计数。

3.6 子程序

3.6.1 子程序的概念

在一个程序中，如果某些内容完全相同或相似，为了简化程序，可以把这些重复部分写到另一个程序中，需要时用命令调用即可。所以被其他程序调用，在实现某种功能后能自动返回到调用程序的程序就是子程序。其实质就是从当前程序（主程序）执行另一个程序（子程序）。

子程序最后一条指令一定是返回指令，这样才能保证重新返回到调用它的主程序中去。

为了进一步简化程序，可以让子程序调用另一个子程序，这种程序的结构称为子程序嵌套。

需要说明的是，子程序、主程序与平时我们所编写的程序并无什么不同之处，子程序和主程序均是独立的程序。

3.6.2 语法

（1）调用

在主程序中，用Prog"文件名"命令，则会跳至该子程序并从头运行，即调用子程序。

（2）返回

子程序的最后一个语句是"Return"，当程序执行到子程序中的这一语句时，则返回到主程序中调用的位置，并继续执行主程序。

3.6.3 示例

（1）示例1

== zhuchengxu ==（主程序）	
0→D ↵	将 D 置0
Lbl 1 ↵	语句标号
"A ="？→A：" B =" →B ↵	键盘输入 A、B 值
Prog" zichengxu " ↵	调用子程序
D + C→D ↵	将 C 累加到 D 中
If C = 0：Then Goto 1：Else "D =": D ◢	条件语句
If End ↵	条件语句结束
"END"	主程序结束
== zichengxu ==（子程序）	
（A + B）÷2 →C ↵	计算 A、B 平均值存入 C
Return ↵	返回主程序

运行程序，输入 $A = 10$，$B = 20$，则进行子程序计算得 $C = 15$，返回到主程序后再累加到 D 中，则显示 $D = 15$。

如果算出的 C 值等于 0，则重复输入 A、B 的值。

（2）示例 2

$==$ FWJJS $==$ （主程序：方位角计算）

"F $=$"? F ↵	输入已知边的方位角，如 $123°23'45''$，按 123.2345 输入
F $\to$ D：Prog "DMS-DEG"：I $\to$ F ↵	调用子程序，转换为十进制度
"B $=$"? B ↵	输入水平角，如 $228°05'17''$，按 228.0517 输入
B $\to$ D：Prog "DMS-DEG"：I $\to$ B ↵	调用子程序，转换为十进制度
F $+$ B $-$ 180 $\to$ E ↵	计算未知边的方位角
E $<$ 0 $\Rightarrow$ E $+$ 360 $\to$ E ↵	把小于 0 的角度换算成方位角
"FWJ $=$"：E ▶ DMS ◢	显示未知边的方位角
"END"	结束

$==$ DMS-DEG $==$ （将 $123°23'45''$ 化为以 $123.395833°$ 表示的子程序）

Int（D）$\to$ K ↵	对 D 值取整
$100 \times$ Frac（D）$\to$ L ↵	将 D 值取余数再乘 100，并存入 L
Int L $\to$ S ↵	对 L 取整，并存入 S
Frac L $\to$ T ↵	对 L 取余数，并存入 T
K $+$ S $\div$ 60 $+$ T $\div$ 36 $\to$ I ↵	对度、分、秒部分累加，并存入 I
Return ↵	返回主程序

运行程序，输入 $F = 123.2345$，$B = 228.0517$（F 表示 $123°23'45''$，B 表示 $228°05'17''$，但分别按 123.2345 和 228.0517 的形式输入），则计算出 $E = F + B - 180 = 171°29'02''$。

3.7　额外变量

CASIO *fx*-5800P 程序计算器所用的变量主要有 26 个英文字母（默认变量），但在编写一些较大的程序时，这些变量就不太够用，从而增加了编程的难度。对此，该型号计算器增加了额外变量的功能，拓展了变量的数量和范围，极大地方便了编程工作。

3.7.1 定义额外变量

例如，要增加 10 个额外变量，则只需要用 10→DimZ 语句定义即可。当显示器上显示"Done"时，表示已添加了指定数量的额外变量，同时会将 0 赋予所有额外变量。

通过上述操作，则创建了 Z［1］、Z［2］、Z［3］…Z［10］共 10 个额外变量。创建额外变量后，可以像操作默认变量（从 A 到 Z）一样，赋值并将其插入到计算中。请记住，额外变量的名称由字母"Z"后跟的方括号括起的值组成，例如 Z［5］。

3.7.2 调用额外变量

创建额外变量后，可以用表达式向额外变量赋值，如：$3 + 5$→Z［5］。

也可以像使用普通变量一样使用它，如 $5 + $ Z［5］→A。

当 N 值不断变化时，还可以用 Z［N］代表多个额外变量。

如果要清除所有额外变量，可以使用 MEMORY 模式删除所有额外变量。

当希望删除当前位于计算器储存器中的所有额外变量时，执行以下操作即可：

0→DimZ EXE

3.7.3 额外变量程序示例

Deg：Fix 3：5→DimZ	设置角度单位为十进制，3 位固定小数显示
"X1 ="? →Z［1］："Y1 ="? →Z［2］↵	给额外变量赋值
"X2 ="? →Z［3］："Y2 ="? →Z［4］↵	给额外变量赋值
Pol（（Z［3］–Z［1］），Z［4］–Z［2］）↵	坐标反算
"S ="：I ▲	显示边长
$J < 0 \Rightarrow J + 360 \rightarrow J$：$J$→Z［5］↵	将方位角存入额外变量
"FWJ ="：Z［5］DMS ▲	显示方位角
"END"	结束

运行程序：输入 $X_1 = 302.853$，$Y_1 = 408.772$，$X_2 = 395.068$，$Y_2 = 377.155$
则计算结果为：

$$S = 97.485$$

$$FWJ = 341°04'30.4''$$

练 习 题

3-1 叙述在 CASIO fx-5800P 计算器中新建程序、编辑修改程序以及运行程序的步骤。

3-2 写出转移语句的语法格式，并以长、宽、高为变量，编程计算多个长方体的体积和表面积。

3-3 写出条件语句的语法格式，并以 a、b、c 为变量，编程求解方程 $9x^2 - 11x - 4 = 0$。

3-4 写出 For 循环的语法格式，并编程计算 $1 + \dfrac{1}{3} + \dfrac{1}{5} + \dfrac{1}{7} + \cdots + \dfrac{1}{101}$ 的值。

3-5 写出 While 循环的语法格式，并编程计算 $1 + 4 + 7 + 10 + \cdots + 121$ 的值。

3-6 写出 Do 循环的语法格式，并编程计算 $3^0 + 3^1 + 3^2 + \cdots + 3^{33}$ 的值。

3-7 如何定义额外变量？如何清除额外变量？试举例说明。

第4章 常见测量小程序

内容概述

　　本章主要给出了常见的测量小程序，包括坐标反算程序、坐标正算程序、极坐标放样计算程序、高程放样程序、极坐标法采集碎部点计算程序、平面坐标转换计算程序、经纬仪 1:500 测图坐标展点测图程序、宗地面积计算程序、测角前方交会计算程序以及建筑轴线偏移计算程序。

4.1　坐标反算程序

4.1.1　程序 1 及算例

（1）坐标反算程序 1

程序名：ZBFS1（本程序还可用于 CASIO *fx*-7400、9750、9860 等型号的计算器）

Deg：Fix3 ↵	设置角度和小数取位
"X1 ="？→A："Y1 ="？→B ↵	输入 1 号点的坐标
"X2 ="？→P："Y2 ="？→Q ↵	输入 2 号点的坐标
Pol（P – A，Q – B）↵	坐标反算
"D ="：I ◢	显示距离
If J < 0：Then J + 360→J：IfEnd ↵	将方位角限制在 0 ~ 360°
"FWJ ="：J ▶DMS ◢	显示方位角
"END"	程序结束

（2）算例：

已知数据：1（310，208），2（105，176）。

经程序计算得：

$$D = 207.483$$

$$FWJ = 188°52'19.7''$$

4.1.2 程序 2 及算例

本案例为一自动计算边长与方位角的程序。1~5 点的坐标见表4-1，现要求计算 1 号点到其余各点的距离和方位角。

（1）坐标反算程序 2

程序名：ZBFS2（本程序还可用于 CASIO *fx*-7400、9750、9860 等型号的计算器）

Deg：Fix 3 ↵	设置角度单位为十进制度，3 位小数显示
"X1 ="？→A："Y1 ="？→B ↵	提示输入起点 1 的坐标
Lbl 0："XN =，（<0 END）"？→C ↵	提示输入目标点 N 的坐标，输入负数结束程序运行
While C > 0："YN ="？→D ↵	提示输入目标点 N 的 Y 坐标
Pol（C − A，D − B）：CLS ↵	调用极坐标函数，清除屏幕显示
If J < 0：Then J + 360→F：Else J→F：IfEnd ↵	将方位角限制在 0~360°
"DIST 1 N（m）="：I ◢	显示水平距离
"FWJ 1 N（DMS）="：F▶DMS ◢	以度分秒形式显示反算出的方位角
Goto 0 ↵	返回 Lbl 0，重复输入端点的坐标
WhileEnd ↵	条件语句结束
"END"	程序结束

（2）算例

结果见表4-1。

表 4-1 坐标反算数据

点号	X 坐标/m	Y 坐标/m	边号	距离/m	方位角
1	3885.634	3114.471	—		
2	4281.739	3592.881	1→2	621.108	50°22′35.6″
3	3356.668	3419.507	1→3	610.616	150°01′46.1″
4	3373.397	2385.189	1→4	891.201	234°54′58.9″
5	3968.103	3005.750	1→5	136.460	307°10′54.1″

4.2　坐标正算程序

所谓坐标正算，即根据已知边长和方位角计算待定点的坐标。

4.2.1　程序 1 及算例

（1）坐标正算程序 1

程序名：ZS-1（本程序还可用于 CSAIO *fx*-7400、9750、9860 等型号的计算器）

Deg：Fix 3 ↵	设置角度单位为十进制，3 位小数显示
"X0 ="? →A："Y0 ="? →B ↵	提示输入起点的坐标（A，B）
"S ="? →S："F ="? →F ↵	提示输入所求点的距离 L 和方位角 C
A + Scos（F）→ X ↵	计算所求点的 X 坐标
B + Ssin（F）→ Y ↵	计算所求点的 Y 坐标
"X ="：X ▲	显示所求点的 X 坐标
"Y ="：Y ▲	显示所求点的 Y 坐标
"END"	程序结束

（2）算例

已知数据：$X_0 = 310.068\text{m}$，$Y_0 = 947.192\text{m}$。

观测数据：$S = 185.062\text{m}$，$F = 278°35'20''$。

经程序计算得：

$$X = 337.706\text{m}$$

$$Y = 764.205\text{m}$$

4.2.2　程序 2 及算例

（1）坐标正算程序 2

程序名：ZS-2（本程序还可用于 CASIO *fx*-7400、9750、9860 等型号的计算器）

Deg：Fix 3 ↵	设置角度单位为十进制，3 位小数显示
"X1 ="? →A："Y1 ="? →B ↵	输入测站点的坐标
Lbl 1 ↵	设置语句标号
"FWJ ="? →F："D ="? →D ↵	输入测站点到未知点的距离和

	方位角
Rec（D，F）↵	坐标正算
"X ="：A + I ◢	显示未知点的 X 坐标
"Y ="：B + J ◢	显示未知点的 Y 坐标
Goto 1 ↵	返回 Lbl 1 语句，重新输入距离和方位角，计算下一点

（2）算例

已知数据：$X_1 = 1020.469$m，$Y_1 = 3827.093$m；

观测数据：$FWJ = 172°08'46''$，$D = 351.094$m。

经程序计算得：

$$X = 672.668\text{m}$$
$$Y = 3875.069\text{m}$$

4.2.3 程序3及算例

（1）坐标正算程序3

程序名：ZS-3（本程序还可用于 CASIO fx-7400、9750、9860 等型号的计算器）

Deg：Fix 3 ↵	设置角度单位为十进制，3 位小数显示
"XA ="? →A："YA ="? →B ↵	输入测站点 A 的坐标
"XB ="? →C："YB ="? →D ↵	输入后视点 B 的坐标
Pol（C − A，D − B）：J→F ↵	反算起始边方位角
Lbl 1 ↵	设置语句标号
"SPJ ="? →N："S ="? →S ↵	输入水平角（左角 +，右角 −）和距离
"X ="：A + Scos（F + N）→ X ◢	计算所求点的 X 坐标
"Y ="：B + Ssin（F + N）→ Y ◢	计算所求点的 Y 坐标
Goto 1 ↵	返回 Lbl 1 语句，重新输入距离和水平角，计算下一点

（2）算例

已知数据：$X_A = 2874.095$m，$Y_A = 4633.018$m，$X_B = 2908.554$m，$Y_B = 4600.117$m；

观测数据：$SPJ = 201°14'07''$，$S = 229.341$m。

经程序计算得：

$$X = 2662.119\text{m}$$
$$Y = 4720.560\text{m}$$

4.3 极坐标法放样计算程序

4.3.1 极坐标法放样原理

极坐标法放样，即是利用点位之间的角度和边长关系进行点位测设的方法。

如图 4-1 所示，A、B 为已知点（坐标已知），P 点为待定点（设计坐标已知），现欲根据控制点 A、B，把 P 点测设在实地，其步骤如下：

1）根据 X_A、Y_A、X_B、Y_B 计算已知点间方位角 α_{AB}；根据 X_A、Y_A、X_P、Y_P 计算已知点 A 与待定点 P 间的平距 D_{AP} 和方位角 α_{AP}；计算水平角 $\beta = \alpha_{AP} - \alpha_{AB}$。

2）求出测设数据 β 和 D_{AP} 后，即可在控制点 A 安置全站仪，瞄准 B 点，并将水平度盘置零，再旋转照准部以 β 角定出 AP 方向。

3）在望远镜视线方向上，来回移动棱镜，使距离为 D_{AP}，从而定出 P 点的位置，并在 P 点做上标记。

4）以相同方法再放样其他待定点。

极坐标法的关键是计算出放样要素，即图中的水平角和水平距离。

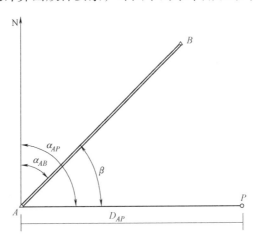

图 4-1　极坐标法放样

4.3.2 程序 1 及算例

（1）放样程序 1

程序名：JZB1-FW（本程序还可用于 CASIO *fx*-7400、9750、9860 等型号的计

算器）

Deg：Fix 3 ↵	设置角度单位为十进制，3 位小数显示
"XA ="? →A："YA ="? →B ↵	输入测站点 A 的坐标
"XB ="? →C："YB ="? →D ↵	输入后视点 B 的坐标
Pol（C − A，D − B）：J→F ↵	反算起始边方位角
Lbl　1 ↵	设置语句标号
"XP"? →P："YP"? →Q ↵	输入待放样点 P 的坐标
Pol（P − A，Q − B）↵	反算方位角和距离
J − F→N ↵	计算水平夹角
N < 0 ⇒ N + 360→N ↵	如夹角为负，则加360°
"N ="：N▶DMS ◢	显示水平角（以度分秒形式显示）
"S ="：I→S ◢	显示水平距离
Goto 1 ↵	返回 Lbl 1 语句，重新输入下一点，继续放样

（2）算例

已知点：A（3546.279，8513.007），B（2984.303，8843.165）；

待放样点：P（3500，8600）。

计算的放样要素为

$$N = 328°26'46.8''$$

$$S = 98.537\text{m}$$

4.3.3　程序 2 及算例

（1）放样程序 2

程序名：JZB2-XY（本程序还可用于 CASIO *fx*-7400、9750、9860 等型号的计算器）

Deg：Fix 3	设置角度单位为十进制，3 位小数显示
"XA ="? →A："YA ="? →B ↵	输入测站点 A 的坐标
"XB ="? →C："YB ="? →D ↵	输入后视点 B 的坐标
If C = 0：Then D→F：Else Pol（C − A，D − B）：J→F：If END	
	如果已知测站坐标和后视边方

位角，则 C 输入 0，D 输入定向方位角）

Lbl 1：$"XP"? \rightarrow P$；$"YP"? \rightarrow Q$ ↵　　　输入待放样点 P 的坐标

Pol（$P - A$，$Q - B$）↵　　　反算方位角和距离

$J - F \rightarrow N$ ↵　　　计算水平夹角

$N < 0 \Rightarrow N + 360 \rightarrow N$ ↵　　　如夹角为负，则加 360°

$"N ="$：$N \blacktriangleright DMS$ ◢　　　显示水平角（以度分秒形式显示）

$"S ="$：$I \rightarrow S$ ◢　　　显示水平距离

Goto 1　　　转移语句

（2）算例

已知点：A（3546.279，8513.007），$\alpha_{AB} = 149°33'57.5''$（**注**：输入时 $X_B = 0$，$Y_B = 149°33'57.5''$）；

待放样点：P（3500，8600）。

计算的放样要素为

$$N = 328°26'46.8''$$

$$S = 98.537\mathrm{m}$$

4.4 高程放样程序

4.4.1 高程放样原理

高程放样，也称高程测设，如图 4-2 所示。测设设计高程是利用水准测量的方法，根据附近已知水准点 A 的高程和已知水准点上的后视读数 a，先求出水准视线高程，然后再根据水准视线高程和待测设点 B 的高程，反求出待测设点上应读的前视读数 b，前视水准尺的零端就是设计高程的位置，从而将设计高程放样到实地。

操作步骤如下：

1）在已知水准点 A 点和待测设高程点 B 之间安置水准仪，立标尺在 A 点得后视读数 a，则水准仪视线高为 $H_{视} = H_A + a$；前视读数应为 $b_{应} = H_{视} - H_B$，式中 H_B 为待测设的设计高程。

2）在 B 点设木桩，在木桩侧面，上下移动标尺，当水准仪在标尺上的读数为 b 时，标尺底的位置即为要测设的标高位置。在紧靠标尺底部，于木桩侧面画一横线，并在横线下用红油漆画一倒三角形标记，也可在旁边注上标高。

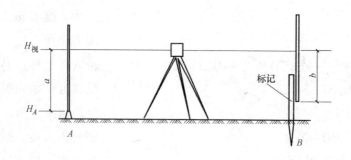

图 4-2　高程测设

4.4.2　程序及算例

（1）高程放样程序

程序名：GCFY（本程序还可用于 CASIO fx-7400、9750、9860 等型号的计算器）

Fix 3：" HA = "？→G ↵　　　　　　　　　　　　输入后视已知水准点的高程 H_A

" A = "？→A ↵　　　　　　　　　　　　　　输入后视标尺的读数 a

Lbl 1 ↵　　　　　　　　　　　　　　　　　设置行号标记

" H = "？→H ↵　　　　　　　　　　　　　输入待放样点 B 的设计标高 H

" B = "：G + A − H ◣　　　　　　　　　　显示计算出的前尺读数 b

Goto 1 ↵　　　　　　　　　　　　　　　　返回，放样下一设计标高

（2）算例

已知高程点 A 的标高为：$G = 300.453\text{m}$；

安置水准仪后，A 点后尺读数为：$a = 1.725\text{m}$；

现要放样 B 点的设计标高为：$H = 301.200\text{m}$。

经程序计算得：

$$b = 0.978\text{m}$$

4.5　极坐标法采集碎部点计算程序

4.5.1　极坐标法原理及公式

极坐标法是现代工程测量当中十分常见的测量方法。如图 4-3 所示，要测量碎部点 P 的 X、Y 坐标，则需要有两个已知点，即图中的 A、B 两点。测量时，在 A 点安置全站仪，后视 B 点，水平度盘置零，转动望远镜瞄准碎部点 P，测量水平角 β 和水平距离 D_{AP}，从而求得碎部点 P 的坐标。

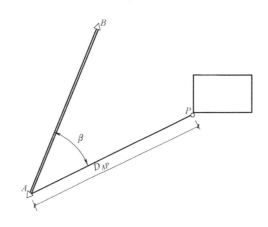

图 4-3 极坐标法采集碎部点坐标

其计算公式为

$$\alpha_{AP} = \alpha_{AB} + \beta \tag{4-1}$$

$$X_P = X_A + D_{AP}\cos(\alpha_{AP}) \tag{4-2}$$

$$Y_P = Y_A + D_{AP}\sin(\alpha_{AP}) \tag{4-3}$$

4.5.2 程序及算例

本程序用测站点坐标、后视点坐标作为已知数据，后视方向的水平度盘置零，前视观测水平角和水平距离，从而求出前视点的 X、Y 坐标。

（1）碎部点计算程序

程序名：JZB-XY（本程序还可用于 CASIO *fx*-7400、9750、9860 等型号的计算器）

Deg：Fix 3	设置角度单位为十进制，3 位小数显示
"XA ="? →A："YA ="? →B ↵	输入测站点 *A* 的坐标
"XB ="? →C："YB ="? →D ↵	输入后视点 *B* 的坐标
If C = 0：Then D→F：Else Pol（C − A，D − B）：J→F：IfEnd	如果已知测站坐标和后视边方位角则 *C* 输入 0，*D* 输入定向方位角）
Lbl 1："SPJ ="? →N："S ="? →S ↵	输入水平角（左角 +，右角 −）和距离
"X ="：A + S × cos（F + N）→X ◢	计算所求点的 *X* 坐标
"Y ="：B + S × sin（F + N）→Y ◢	计算所求点的 *Y* 坐标

Goto 1 ↵	返回 Lbl 1 语句，重新输入距离和水平角，计算下一点

（2）算例

已知点：A（15637.885，29364.071），B（15820.496，29847.553）；

观测值：$\beta = 321°35'04''$，$D_{AP} = 217.805\text{m}$。

经程序计算得：

$$X = 15824.790\text{m}$$

$$Y = 29475.900\text{m}$$

4.5.3 碎部点三维坐标计算方法之一（XYH）

本程序用测站点坐标高程、后视点坐标作为已知数据，量取仪器高，将后视方向的水平度盘置零，前视观测水平角、水平距离、高差读数和前视棱镜高，从而求出前视点的 X、Y 坐标和高程 H。

（1）碎部点三维坐标计算程序

程序名：JZB-XYH1（本程序还可用于 CASIO fx-7400、9750、9860 等型号的计算器）

Deg：Fix 3	设置角度单位为十进制，3 位小数显示
"XA ="? →A："YA ="? →B："HA ="? →G：↵	输入测站点 A 的坐标和高程
"XB ="? →C："YB ="? →D ↵	输入后视点 B 的坐标
If C =0：Then D→F：Else Pol（C – A，D – B）：J→F：IfEnd	如果已知测站坐标和后视边方位角则 C 输入 0，D 输入定向方位角）
"I ="? →I ↵	输入仪器高
Lbl 1："SPJ ="? →N："S ="? →S ↵	输入水平角（左角 +，右角 –）和距离
"VD ="? →Z："V ="? →V ↵	输入高差和觇标高
"X ="：A + S×cos（F + N）→X ◢	计算所求点的 X 坐标
"Y ="：B + S×sin（F + N）→Y ◢	计算所求点的 Y 坐标
"H ="：G + Z + I – V→H ◢	计算所求点的高程
Goto 1 ↵	返回 Lbl 1 语句，重新输入距

离、水平角、高差和觇标高，
计算下一点

（2）算例

已知点：A（5146.337，2819.095，278.823），B（5239.106，2087.461）。

观测值：$I = 1.650\text{m}$，$\beta = 299°58'26''$，$D_{AP} = 305.049\text{m}$，$Z = -2.769$ m，$V = 2.000\text{m}$。

经程序计算得：

$$X = 4903.357\text{m}$$

$$Y = 2634.662\text{m}$$

$$H = 275.704\text{m}$$

4.5.4　碎部点三维坐标计算之二（XYH）

本程序用测站点坐标高程、后视点坐标作为已知数据，安置全站仪并量取仪器高，将后视方向的水平度盘置零，前视观测水平角、倾斜距离、竖盘盘左读数和前视棱镜高，从而求出前视点的 X、Y 坐标和高程 H。

（1）碎部点三维坐标计算程序

程序名：JZB-XYH2（本程序还可用于 CASIO fx-7400、9750、9860 等型号的计算器）

程序	说明
Deg：Fix 3	设置角度单位为十进制，3 位小数显示
"XA ="？ →A："YA ="？ →B："HA ="？ →G：↵	输入测站点 A 的坐标和高程
"XB ="？ →C："YB ="？ →D↵	输入后视点 B 的坐标
If C = 0：Then D→F：Else Pol（C − A，D − B）：J→F：IfEnd	如果已知测站坐标和后视边方位角则 C 输入 0，D 输入定向方位角）
"I ="？ →I↵	输入仪器高
Lbl 1："SPJ ="？ →N："S ="？ →S↵	输入水平角（左角 +，右角 −）和斜距
"L ="？ →L："V ="？ →V↵	输入竖盘盘左读数和觇标高
90 − L→L：S × cos（L）→S	计算倾角和平距
"X =": A + S × cos（F + N）→X ▲	计算所求点的 X 坐标
"Y =": B + S × sin（F + N）→Y ▲	计算所求点的 Y 坐标

"H =": G + S × tan（L）+ I − V→H ◣   计算所求点的高程

Goto 1 ↲   返回 Lbl 1 语句，重新输入距离、水平角、高差和觇标高，计算下一点

（2）算例

已知点：A（5146.337，2819.095，278.823），B（5239.106，2087.461）；

观测值：I = 1.650m，β = 157°09′07″，S = 177.559m（斜距），L = 101°24′35″（盘左读数），V = 2.000m。

经程序计算得：

$$X = 5193.206m$$

$$Y = 2986.716m$$

$$H = 243.348m$$

4.6 平面坐标转换计算程序

在建筑施工测量中，往往存在两种不同的坐标系统：一种是常用的统一测量坐标系统，另一种是为了更好表达建筑物相互关系的施工坐标系统。随着测绘技术的发展，建筑施工放样时，用统一的测量坐标系统来进行放样的情况已变得十分普遍。所以，常常需要将施工坐标系统转换为统一的测量坐标系统。

4.6.1 计算公式

如图 4-4 所示，XOY 为统一的测量坐标系，而 $X'O'Y'$ 为施工坐标系。X 轴与 X' 正方向的夹角为 θ，设施工坐标系原点 O' 在 XOY 坐标系中的的坐标为（X_0，Y_0），则任一点 P 在 XOY 坐标系中的坐标（X_P，Y_P）与其在 $X'O'Y'$ 坐标系中的坐标（x'_P，

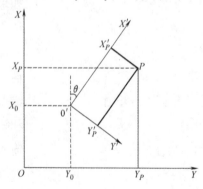

图 4-4　施工坐标与测量坐标转换

y'_P）的关系式为

$$X_P = X_0 + x'_P\cos\theta - y'_P\sin\theta \tag{4-4}$$

$$Y_P = Y_0 + x'_P\sin\theta + y'_P\cos\theta \tag{4-5}$$

或

$$\begin{pmatrix} X_P \\ Y_P \end{pmatrix} = \begin{pmatrix} X_0 \\ Y_0 \end{pmatrix} + \begin{pmatrix} \cos\theta & -\sin\theta \\ \sin\theta & \cos\theta \end{pmatrix} \begin{pmatrix} x'_P \\ y'_P \end{pmatrix} \tag{4-6}$$

4.6.2　程序及算例

（1）平面坐标转换计算程序

程序名：ZBZH（本程序还可用于 CASIO *fx*-7400、9750、9860 等型号的计算器）

Deg：Fix 3 ↵	设置角度单位为十进制，3 位固定小数显示
"X0 ="？ →A："Y0 ="？ →B ↵	输入施工坐标系原点在统一坐标系中的 X、Y（A、B）
"ANGLE ="？ →E ↵	输入统一坐标系的 X 轴顺时针旋转至施工坐标系的 X' 轴的角度值
Cls："LEFT（1），RIGHT（ELSE）="？ →F ↵	判断施工坐标系是右手系还是左手系
Lbl 1 ↵	语句标号
"XP ="？ →C："YP ="？ →D ↵	待换算平面点在施工坐标系中的 X'、Y'坐标（C、D）
[［A］［B］]→MatA ↵	向矩阵 **A** 赋值
[［cos（E），-sin（E）］［sin（E），cos（E）］]→MatB ↵	向矩阵 **B** 赋值
If F≠1：Then -D→D：IfEnd ↵	根据施工坐标系的类型决定变量 **D** 的取值
[［C］［D］]→Mat C ↵	向矩阵 **C** 赋值
MatA + MatB × MatC→MatD ◢	计算转换后的坐标值，并将结果显示在矩阵 **D** 中

Goto 1

注： 从 X 轴上一点观察，若 Y 到 Z 为顺时针方向，则该坐标系为左手系；若 Y 到 Z 的方向是逆时针方向，则该坐标系为右手坐标系。如图 4-5 所示，日常的测量坐

标系为左手系。

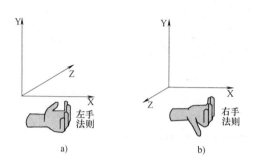

图4-5　左手坐标系和右手坐标系

a）左手坐标系　b）右手坐标系

（2）算例

已知：$X_0 = 15067.822\text{m}$，$Y_0 = 48339.775\text{m}$，$ANGLE = 66°31'49''$，$LEFT$（1），$RIGHT$（$ELSE$）$=1$。（本例中建筑坐标系为左手坐标系，故输入1）

输入某建筑物在建筑坐标系中的坐标为

1（60，40），2（60，100），3（95，100），4（95，40）。

经程序计算得转换后的测量坐标

1（15055.027，48410.742）

2（14999.991，48434.638）

3（15013.930，48466.742）

4（15068.966，48442.846）

4.7　经纬仪1:500测图坐标展点测图程序

事实上，经纬仪测图法现在已基本被淘汰了，而用全站仪和RTK采集数据的数字测图法已彻底代替了经纬仪测绘法。但在高校的测绘专业中，经纬仪测绘法还时常被使用，这主要是让学生更好地掌握和理解地形图的测图原理。

经纬仪测绘法的实质还是极坐标法，与前述的采集碎部点的极坐标法的不同之处是，经纬仪测绘法往往是用视距尺来测量。

4.7.1　计算公式

经纬仪测绘法的计算公式为

$$D_{AP} = k_1 \cos^2(90 - L) \tag{4-7}$$

$$\alpha_{AP} = \alpha_{AB} + \beta \tag{4-8}$$

$$X_P = X_A + D_{AP}\cos\alpha_{AP} \tag{4-9}$$

$$Y_P = Y_A + D_{AP}\sin\alpha_{AP} \tag{4-10}$$

$$H_P = H_A + D_{AP}\tan(90 - L) + i - v \tag{4-11}$$

式中　k_1——视距（m）；

　　　L——竖盘盘左读数（°′″）；

　　　α——方位角（°′″）；

　　　β——水平角（°′″）；

　　D_{AP}——测站到碎部点的水平距离（m）；

　　　i——仪器高（m）；

　　　v——前视中丝读数（m）；

　　　X——纵坐标（m）；

　　　Y——横坐标（m）；

　　　H——高程（m）。

4.7.2　程序及算例

（1）经纬仪测绘法程序

程序：500CT-1（本程序还可用于CASIO fx-7400、9750、9860等型号的计算器）

Deg：fix3 ↵	设置角度单位为十进制，3位小数显示
"XIBEI – X = "？→R ↵	输入图廓西北角 X 坐标
"XIBEI – Y = "？→W ↵	输入图廓西北角 Y 坐标
"X – CEZHAN = "？→A ↵	输入测站点 X 坐标
"Y – CEZHAN = "？→B ↵	输入测站点 Y 坐标
"H – CEZHAN = "？→C ↵	输入测站点高程
"X – HOUSHI = "？→D ↵	输入后视点 X 坐标
"Y – HOUSHI = "？→E ↵	输入后视点 Y 坐标
Pol（D – A，E – B）↵	坐标反算
"DAB = "：I▲	显示测站点至后视点的距离，以供检查
J ＜ 0 ⇒ J + 360 → J ↵	将方位角限制在 0 ~ 360°
"FAB = "：J▶DMS ◢	显示测站点至后视点的方位角，以供检查
"I = "？→G ↵	输入仪器高
Lbl 0 ↵	行标号

"S = "? →S ↵	输入测站点至碎部点的视距
"V = "? →V ↵	输入碎部点的标尺中丝读数
"N = "? →N ↵	输入水平度盘读数
"L = "? →T ↵	输入垂直度盘读数
90 − T→Q ↵	计算倾角
S × (cosQ)² →P: CLS ↵	计算平距
"X = ": 0.2 (R − (A + P × cos (J + N))) ▲	显示由左上角到碎部点的 X 方向图上距离 (cm)
"Y = ": 0.2 (B + P × sin (J + N) − W) ▲	显示由左上角到碎部点的 Y 方向图上距离 (cm)
"H = ": C + P × tan (Q) + G − V▲	显示碎部点（立标尺点）的高程 (m)
Goto 0 ↵	返回观测下一碎部点

（2）算例

已知数据：$XIBEI - X = 1000m$，

$XIBEI - Y = 400m$，

$X - CEZHAN = 853.77m$，

$Y - CEZHAN = 476.89m$，

$H - CEZHAN = 300.49m$，

$X - HOUSHI = 500.32m$，

$Y - HOUSHI = 815.68m$，

$I = 1.35m$，

$S = 56.3m$，

$V = 2.2m$，

$N = 243°26'$，

$L = 104°41'$。

经程序计算得：

$$X = 19.32cm（从西北角向下量 193.20mm）$$

$$Y = 18.92cm（从西北角向右量 189.20mm）$$

$$H = 285.835m（标注高程 285.84m）$$

（3）补充

如果不是以碎部点至图廓点的图上距离来展点，而是以实际坐标直接展点，那么上述程序则可以修改如下：

程序：500CT-2（本程序还可用于CASIO fx-7400、9750、9860等型号的计算器）

Deg：fix3 ↵	设置角度单位为十进制，3位小数显示
"X – CEZHAN = "? →A ↵	输入测站点X坐标
"Y – CEZHAN = "? →B ↵	输入测站点Y坐标
"H – CEZHAN = "? →C ↵	输入测站点高程
"X – HOUSHI = "? →D ↵	输入后视点X坐标
"Y – HOUSHI = "? →E ↵	输入后视点Y坐标
Pol（D – A，E – B）↵	坐标反算
"DAB = "：I ◢	显示测站点至后视点的距离，以供检查
J < 0⇒J + 360→J ↵	将方位角限制在0~360°
"FAB = "：J ▶DMS ◢	显示测站点至后视点的方位角，以供检查
"I = "? →G ↵	输入仪器高
Lbl 0 ↵	行标号
"S = "? →S ↵	输入测站点至碎部点的视距
"V = "? →V ↵	输入碎部点的标尺中丝读数
"N = "? →N ↵	输入水平度盘读数
"L = "? →T ↵	输入垂直度盘读数
90 – T→Q ↵	计算倾角
S ×（cos（Q））^{2}→P：CLS ↵	计算平距
"X = "：A + P × cos（J + N））◢	显示由左上角到碎部点的X坐标（m）
"Y = "：B + P × sin（J + N）◢	显示由左上角到碎部点的Y坐标（m）
"H = "：C + P × tan（Q）+ G – V ◢	显示碎部点（立标尺点）的高程（m）
Goto 0 ↵	返回观测下一碎部点

算例如下：

已知数据：

$X – CEZHAN = 853.77$m，

$Y – CEZHAN = 476.89$m，

$H - CEZHAN = 300.49\text{m}$,

$X - HOUSHI = 500.32\text{m}$,

$Y - HOUSHI = 815.68\text{m}$,

$I = 1.35\text{m}$,

$S = 56.3\text{ m}$,

$V = 2.2\text{m}$,

$N = 243°26'$,

$L = 104°41'$。

经程序计算得:

$$X = 903.38\text{m}$$

$$Y = 494.60\text{m}$$

$$H = 285.84\text{m}$$

4.8 宗地面积计算程序

4.8.1 坐标解析法原理及公式

宗地面积一般采用坐标解析法计算。坐标解析法是利用多边形各顶点的坐标来计算其面积的一种方法,如图4-6所示。获得多边形顶点的坐标有实测法和图解法两种不同的方法。

其计算公式有:

$$P = \frac{1}{2} \sum_{i=1}^{n} x_i (y_{i+1} - y_{i-1}) \tag{4-12}$$

或

$$P = \frac{1}{2} \sum_{i=1}^{n} y_i (x_{i-1} - x_{i+1}) \tag{4-13}$$

或

$$P = \frac{1}{2} \sum_{i=1}^{n} (x_i y_{i+1} - x_{i+1} y_i) \tag{4-14}$$

式中,n 为多边形的边数。

注意:当 $i = 1$ 时,用 y_n 代替 y_{i-1};当 $i = n$ 时,用 y_1 代替 y_{i+1}。

4.8.2 程序及算例(以公式 $P = \frac{1}{2} \sum_{i=1}^{n} (x_i y_{i+1} - x_{i+1} y_i)$ 为例)

(1)多边形宗地面积计算程序

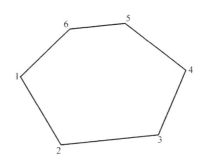

图 4-6　多边形面积计算

程序名：MJJS-XY（本程序还可用于 CASIO *fx*-7400、9750、9860 等型号的计算器）

"N = "? →N ↵	输入多边形点数
0→S ↵	将 *S* 变量清零
"X1 = "? →A：A→E ↵	输入 1 号 *X* 坐标
"Y1 = "? →B：B→F ↵	输入 1 号 *Y* 坐标
For 1→I To N ↵	循环语句
If I = N：Then E→C：F→D ↵	判断是否到 *N* 点，如到 *N* 点，则将 1 号点的坐标赋给下一点
Else："X = "? →C ↵	输入下一点的 *X* 坐标
"Y = "? →D ↵	输入下一点的 *Y* 坐标
IfEnd ↵	条件语句结束
S + 0.5 × （BC − AD）→S ↵	面积求和
C→A：D→B ↵	将 *C*、*D* 的值分别存入 *A*、*B* 中
Next ↵	循环语句
"S = "：Abs（S）◢	显示面积的绝对值
"END"	程序结束

（2）算例

已知数据：1（983.220，423.562），2（620.925，532.511），3（553.614，1104.992），4（1022.815，1279.311），5（1246.526，877.188）。

面积计算结果：

$$S = 401026.09 \text{m}^2$$

4.8.3 用串列编程计算多边形的周长和面积（以公式 $P = \dfrac{1}{2}\sum\limits_{i=1}^{n} x_i(y_{i+1} - y_{i-1})$ 为例）

（1）程序名：MJJS-LIST

"N＝"? N↵	输入多边形点数
0→P：0→S↵	将 P 变量和 S 变量清零，以存放周长和面积
For 1→I To N↵	循环语句
If I＜N：Then List X〔I+1〕 − List X〔I〕→X：List Y〔I+1〕 − List Y〔I〕→Y↵	
Else List X〔1〕 − List X〔I〕→X：List Y〔1〕 − List Y〔I〕→Y：IfEnd↵	
P＋Abs（X＋Yi）→P↵	用复数形式计算并累加多边形边长
If I＝1：Then List Y〔I+1〕 − List Y〔N〕→U↵	
Else If I＝N：Then List Y〔1〕 − List Y〔I−1〕→U↵	
Else List Y〔I+1〕 − List Y〔I−1〕→U：IfEnd：IfEnd↵	
S＋0.5×List X〔I〕×U→S↵	面积求和
Next↵	循环语句
"P＝"：P▲	显示多边形周长
"S＝"：Abs（S）▲	显示面积的绝对值
"END"	结束

程序运行前，先在 REG 回归分析状态（按 MODE 4）的 X 列和 Y 列中分别填置数据，即把各点的 X 坐标和 Y 坐标写到串列中。

（2）算例

将已知数据放到串列中（主要输入 X 列和 Y 列，其余不必输入），见表4-2。

表4-2 多边形面积计算时在串列中置数

点号	X/m	Y/m	FREQ
1	983.220	423.562	—
2	620.925	532.511	—
3	553.614	1104.992	—
4	1022.815	1279.311	—
5	1246.526	877.188	—

然后运行程序后，得到如下结果：

周长：$P = 2439.95\text{m}$

面积：$S = 401026.1\text{m}^2$。

4.9 测角前方交会计算程序

4.9.1 测角前方交会原理及计算公式

如图 4-7 所示为前方交会的基本图形，在该图形中，A、B 为已知坐标点，P 为坐标待求点。首先，根据地形情况和已知点 A、B 的位置情况选择并确定 P 点位置，用标志将 P 点固定下来，并设立观测标志。然后，在 A 点安置经纬仪，同时在 B 点设立观测标志，测出水平角 α。最后在 B 点安置经纬仪，同时在 A 点设立观测标志，测出水平角 β。《工程测量规范》GB 50026—2007 中规定，交会角应在 $30° \sim 150°$。

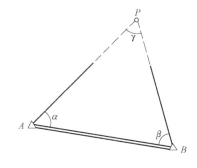

图 4-7 前方交会

这里直接给出前方交会计算待定点 P 坐标的两个公式为

$$\left.\begin{aligned} x_p &= \frac{x_A\cot\beta + x_B\cot\alpha + (y_B - y_A)}{\cot\alpha + \cot\beta} \\ y_p &= \frac{y_A\cot\beta + y_B\cot\alpha + (x_A - x_B)}{\cot\alpha + \cot\beta} \end{aligned}\right\} \tag{4-15}$$

注：cot 为 tan 函数的倒数，即 $\cot\theta = \dfrac{1}{\tan\theta}$

$$\left.\begin{aligned} x_p &= \frac{x_A\tan\alpha + x_B\tan\beta + (y_B - y_A)\cdot\tan\alpha\cdot\tan\beta}{\tan\alpha + \tan\beta} \\ y_p &= \frac{y_A\tan\alpha + y_B\tan\beta + (x_A - x_B)\cdot\tan\alpha\cdot\tan\beta}{\tan\alpha + \tan\beta} \end{aligned}\right\} \tag{4-16}$$

4.9.2 程序及算例

（1）测角前方交会计算程序

程序名：QFJH（本程序还可用于 CASIO *fx*-7400、9750、9860 等型号的计算器）

Deg：Fix 3 ↵   设置角度单位为十进制，3 位小数显示

"XA ="? →C："YA ="? →D ↵   提示输入已知点 *A* 的坐标（*C*，*D*）

"XB ="? →E："YB ="? →F ↵   提示输入已知点 *B* 的坐标（*E*，*F*）

"A ="? →A："B ="? →B ↵   提示输入两个观测角度 *A*，*B*

$(C(\tan B)^{-1}) + E(\tan A)^{-1} + F - D) \div ((\tan A)^{-1} + (\tan B)^{-1}) \to X$ ↵

                                    计算所求点的 *X* 坐标

$(D(\tan B)^{-1}) + F(\tan A)^{-1} + C - E) \div ((\tan A)^{-1} + (\tan B)^{-1}) \to Y$ ↵

                                    计算所求点的 *Y* 坐标

"XP =": X ◢   显示所求点的 *X* 坐标（m）

"YP =": Y ◢   显示所求点的 *Y* 坐标（m）

"END"

（2）算例

已知数据：

新桥：*A*（82230.095，53153.696）；

凤鸣山：*B*（82406.822，53333.132）；

水平角：$\alpha = 60°41'32''$，$\beta = 64°44'28''$。

计算结果：

P（82499.791，53080.136）

运行时输入输出显示如下：

$$XA = 82230.095m$$

$$YA = 53153.696m$$

$$XB = 82406.822m$$

$$YB = 53333.132m$$

$$A = 60°41'32''$$

$$B = 64°44'28''$$

$$XP = 82499.791m$$

$$YP = 53080.136m$$

4.10 建筑轴线偏移计算程序

4.10.1 建筑轴线偏移原理及计算公式

在建筑轴线或桥梁扩大基础的施工放样中，往往需要将某一点向外或向内平移，并计算出它的坐标，如图 4-8 所示。此时，只要知道两个沿相互垂直方向的平移距离，以及沿其中一个方向的方位角，就可以计算出平移后点的坐标。

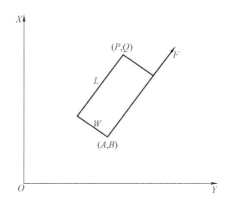

图 4-8 建筑轴线偏移

其计算公式如下：

$$P = A + L\cos(F) + W\sin(F - 90) \tag{4-17}$$

$$Q = B + L\sin(F) + W\sin(F - 90) \tag{4-18}$$

式中 A、B——起点坐标（m）；

F——起点方位角（°′″）；

L、W——轴线偏移距离（m）；

P、Q——偏移后坐标（m）。

4.10.2 程序及算例

（1）建筑轴线偏移计算程序

程序名：ZXPY（本程序还可用于 CASIO *fx*-7400、9750、9860 等型号的计算器）

Deg：Fix 3 ↵   设置角度单位为十进制，3 位小数显示

"A ="? →A：" B ="? →B ↵   输入坐标（A，B）

"F ="? →F↵   输入方位角

"L="? →L:" W="? →W ↵ 　　　　　输入偏移距离（L，W）

"P="：A＋L×cos（F）＋W×cos（F－90）→X ◢

　　　　　　　　　　　　　　　计算并显示偏移点的 X 坐标（m）

"Q="：B＋L×sin（F）＋W×sin（F－90）→Y ◢

　　　　　　　　　　　　　　　计算并显示偏移点的 Y 坐标（m）

"END" 　　　　　　　　　　　　程序结束

（2）算例

已知：

$A = 65084.064\text{m}$，

$B = 39776.011\text{m}$，

$F = 133°29'50''$，

$L = 13.750\text{m}$，

$W = 7.250\text{m}$。

经程序计算得：

$P = 65079.859\text{m}$

$Q = 39790.976\text{m}$

练 习 题

4-1　已知 A、B 两点的坐标为 $\begin{cases} x_A = 853.764\text{m} \\ y_A = 245.678\text{m} \end{cases}$，$\begin{cases} x_B = 483.696\text{m} \\ y_B = 586.658\text{m} \end{cases}$，请编程计算 A、B 两点间的水平距离和坐标方位角。

4-2　已知水平距离 $D = 503.207\text{m}$，$\alpha = 137°20'33.3''$，请编程计算 Δx 和 Δy 的值。

4-3　已知 $X_A = 2515.93\text{m}$，$Y_A = 3972.19\text{m}$，$\alpha_{AB} = 307°46'48''$，$S_{AB} = 107.62\text{m}$，试求 X_B，Y_B 的值。

4-4　公式 $\alpha_{前} = \alpha_{后} + \beta_i \pm 180°$ 用于推算导线各边方位角，请编程计算。

4-5　某多边形宗地的界址点坐标如图 4-9 所示，请编程计算其面积和周长。

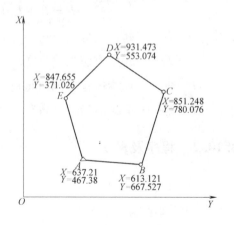

图 4-9　多边形面积计算

第5章　工程测量程序应用实例

📖 **内容概述**

本章主要给出了工程测量中的一些应用程序，包括二维和三维支导线测量计算程序、附合（闭合）导线测量计算程序、无定向导线平差计算程序、单一水准路线平差计算程序、直线线路中桩边桩坐标计算程序、圆曲线中桩边桩计算程序、缓和曲线中桩边桩计算程序和线路竖曲线计算程序。

5.1　支导线测量计算程序

5.1.1　支导线的应用及计算公式

在施工测量中，支导线的应用是十分普遍的。过去限于仪器和测量精度，测量规程当中规定支导线边数不能够超过一定的数目。但在实际测量工作中，一些测量技术人员根据已知点的情况，以及工程项目的精度要求，往往布设边数不少的支导线，如图 5-1 所示。

现列出支导线的坐标计算公式。

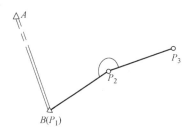

图 5-1　支导线

各边方位角计算如下：

$$\alpha_{i,i+1} = \alpha_{i-1,i} + \beta_i \pm 180° \tag{5-1}$$

式中　β_i——导线各水平角（°′″）；

　　　$\alpha_{i-1,i}$——导线后一边方位角（°′″）；

　　　$\alpha_{i,i+1}$——导线前一边方位角（°′″）。

各边坐标增量计算如下：

$$\left.\begin{array}{l} \Delta x_{ij} = D_{ij}\cos\alpha_{ij} \\ \Delta y_{ij} = D_{ij}\cos\alpha_{ij} \end{array}\right\} \tag{5-2}$$

式中　D_{ij}——水平边长（m）；

　　　α_{ij}——方位角（°′″）；

Δx_{ij}、Δy_{ij}——坐标增量（m）。

计算各导线点的坐标如下：

$$\left.\begin{array}{l} x_i = x_{i-1} + \Delta x_{i-1,i} \\ y_i = y_{i-1} + \Delta y_{i-1,i} \end{array}\right\} \tag{5-3}$$

式中　$\Delta x_{i-1,i}$、$\Delta y_{i-1,i}$——坐标增量（m）；

　　　x_i、x_{i-1}、y_i、y_{i-1}——纵、横坐标（m）。

5.1.2　计算二维支导线的程序及算例

（1）计算二维支导线的程序

程序名：ZDX-XY（本程序还可用于 CASIO *fx*-7400、9750、9860 等型号的计算器）

Deg：Fix3 ↵	设置角度单位为十进制，3 位小数显示
"X - CZ = "？→A："Y - CZ = "？→B ↵	输入测站点 *B* 的 *X*、*Y* 坐标
"X - HS = "？→C："Y - HS = "？→D ↵	输入后视点 *A* 的 *X*、*Y* 坐标或 *AB* 边的方位角（如果已知后视边方位角，则 *C* 输入一个小于等于 0 的数，并在 *D* 中输入方位角）
If C > 0：Then Pol（A - C，B - D）↵	反算方位角
"D - AB = "：I ◣	显示后视点至测站点的距离，以供检查
J < 0 ⇒ J + 360 → J ↵	将方位角限制在 0 ~ 360°
J → F："F - AB = "：F ▶ DMS ◣	显示已知边（后视点至测站点）的方位角
Else D → F：IfEnd ↵	将变量 *D* 中的方位角转存到变量

	F 中
Lbl 1 ↵	设置程序语句行标号
"J = "? →J："S = "? →S ↵	输入观测的水平角（左角＋，右角－）和水平距离
F＋J→E ↵	计算反向方位角
If E＞180：Then E－180→E：Else E＋180→E：IfEnd ↵	计算方位角
"X = "：A＋ScosE→P ◢	计算未知点 X 坐标并存入字母 U
"Y = "：B＋SsinE→Q ◢	计算未知点 Y 坐标并存入字母 N
"K = "? →K ↵	输入一个数 K，K 大于等于 0 则重算本测站，小于零则推算到下一点
If K≤0：Then E→F：P→A：Q→B ↵	如果 K≤0，将字母 E、P、Q 的值存入字母 F、A、B
Goto 1 ↵	转到语句 Lbl 1，重算该点或该测站上的其他支点
Else Goto 1 ↵	K 大于 0 则转到语句 Lbl 1，支导线传递到下一站，向前推算
IfEnd ↵	条件语句结束
"END"	程序结束

（2）算例

1）计算第一点。

① 输入测站点：$X－C_Z＝63829.540$m。

② 输入测站点：$Y－C_Z＝51279.480$m。

③ 输入后视点：$X－H_s＝63791.222$m。

④ 输入后视点：$Y－H_s＝51302.403$m。

⑤ 显示测站至后视距离：$D－AB＝44.651$m。

⑥ 显示测站点至后视点的方位角：$F－AB＝329°06'39''$。

⑦ 输入水平角：$J＝112°58'35''$。

⑧ 输入水平距离：$S＝113.151$m。

⑨ 输出未知导线点 1 的坐标：$X＝63813.963$m。

⑩ 输出未知导线点 1 的坐标：$Y＝51167.406$m。

2）计算第二点。

① $K = -1$，若输入的 K 值大于等于 0 则重算本测站，以便检核，若小于 0 则推算到下一点。

② 输入水平角：$J = 214°25'39''$。

③ 输入水平距离：$S = 51.393$m。

④ 输出未知导线点 2 的坐标：$X = 63836.906$m。

⑤ 输出未知导线点 2 的坐标：$Y = 51121.419$m。

3）计算第三点。

① $K = -1$（计算下一点）。

② 输入水平角：$J = 122°57'04''$。

③ 输入水平距离：$S = 53.547$m。

④ 输出未知导线点 3 的坐标：$X = 63809.702$m。

⑤ 输出未知导线点 3 的坐标：$Y = 51075.297$m。

5.1.3　计算三维支导线的程序及算例

（1）计算三维支导线的程序

程序名：ZDX-XYH（本程序还可用于 CASIO fx-7400、9750、9860 等型号的计算器）

Deg：Fix3 ↵	设置角度单位十进制，3 位小数显示
"X – CZ ="？→A："Y – CZ ="？→B："H – CZ ="？→G ↵	输入测站点 B 的坐标和高程
"X – HS ="？→C："Y – HS ="？→D ↵	输入后视点 A 的 X、Y 坐标或 AB 边的方位角（如果已知后视边方位角，则 C 输入一个小于等于 0 的数，并在 D 中输入方位角）
If C > 0：Then Pol（A – C，B – D）↵	反算方位角
"D – AB ="：I ◢	显示后视点至测站点的距离，以供检查
J < 0⇒J + 360→J ↵	将方位角限制在 0 ~ 360°
"F – AB ="：J→F▶DMS ◢	显示已知边方位角
Else D→F：IfEnd ↵	将 D 变量中方位角转存到变量 F 中
Lbl 1 ↵	设置程序语句行标号

"I = "？→I：　"J = "？→J：　"L = "？→L ↵	输入观测仪器高、水平角（左角 + ，右角 − ）、竖直角
"S = "？→S：　"V = "？→V ↵	输入观测的斜距、觇标高
F + J→E ↵	计算反向方位角
If E > 180：Then E − 180→E：Else E + 180→E：IfEnd ↵	计算方位角
90 − L→L ↵	计算竖直角
"X = "：A + S × cosL × cosE→P ◢	计算未知点 X 坐标并存入字母 U
"Y = "：B + S × cosL × sinE→Q ◢	计算未知点 Y 坐标并存入字母 N
"H = "：G + S × sinL + I − V→H ◢	计算未知点高程 H 并存入字母 W
"K = "？→K ↵	输入一个数 K，K 大于等于 0 则重算本测站，小于零则推算到下一点
If K≤0：Then E→F：P→A：Q→B：H→G ↵	将字母 E、P、Q 的值存入字母 F、A、G
Goto 1 ↵	转到语句 Lbl 1，重算该点或该测站上的其他支点
Else Goto 1 ↵	K 大于 0 则转到语句 Lbl 1，支导线传递到下一站，向前推算
IfEnd ↵	条件语句结束
"END"	程序结束

（2）算例

1）计算第一点。

① 输入测站点：$X − C_Z = 63829.540$m。

② 输入测站点：$Y − C_Z = 51279.480$m。

③ 输入测站点：$H − C_Z = 288.573$m。

④ 输入后视点：$X − H_S = 63791.222$m。

⑤ 输入后视点：$Y − H_S = 51302.403$m。

⑥ 显示测站至后视距离：$D − AB = 44.651$m。

⑦ 显示测站点至后视点的方位角：$F − AB = 329°06′39″$。

⑧ 输入仪器高：$I = 1.650$m。

⑨ 输入水平角：$J = 112°58′35″$。

⑩ 输入垂直角盘左读数：$L = 83°47′08″$。

⑪ 输入水平距离：$S = 120.997\text{m}$。

⑫ $V = 2.150\text{m}$。

⑬ 输出未知导线点 1 的 X 坐标：$X = 63812.981\text{m}$。

⑭ 输出未知导线点 1 的 Y 坐标：$Y = 51160.339\text{m}$。

⑮ 输出未知导线点 1 的高程：$H = 301.171\text{m}$。

2）计算第二点。

① $K = -1$，若输入的 K 值大于等于 0 则重算本测站，以便检核，若小于零则推算到下一点。

② 输入仪器高：$I = 1.635\text{m}$。

③ 输入水平角：$J = 214°25'39''$。

④ 输入垂直角盘左读数：$L = 101°22'59''$。

⑤ 输入水平距离：$S = 87.665\text{m}$。

⑥ $V = 2.150\text{m}$。

⑦ 输出未知导线点 1 的 X 坐标：$X = 63851.347\text{m}$。

⑧ 输出未知导线点 1 的 Y 坐标：$Y = 51083.438\text{m}$。

⑨ 输出未知导线点 1 的高程：$H = 283.354\text{m}$。

……

注：如果导线测量时，观测的数据为平距，则只需要将上述程序中倒数第 7、8、9 语句稍作修改即可。

5.2 附合、闭合导线测量计算程序

5.2.1 计算公式

单一导线通常包括附合导线、闭合导线和支导线三种。支导线可以不进行平差，其计算程序前面已给出，故这里只编写附合导线和闭合导线的平差程序。

如图 5-2 所示为一附合导线，在两端各有一个已知点和一条已知边。这种导线，不仅有检核条件（坐标条件和方位角条件），而且最弱点位于导线中部，两端已知点均可控制其精度，布设长度相应增大，故附合导线在生产中得到广泛应用。

闭合导线则只有一个已知点和一条已知边。事实上，我们可以把闭合导线看成是附合导线的特例。

（1）角度闭合差的计算

$$f_\beta = \sum_{i=1}^{n} \beta_i - (n - 2) \times 180° \tag{5-4}$$

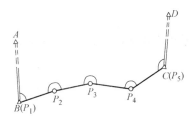

图 5-2 附合导线

式中 β_i——导线水平角（°′″）；

n——导线测角个数；

f_β——角度闭合差（°′″）。

（2）角度平差

$$v_\beta = -\frac{f_\beta}{n} \tag{5-5}$$

式中 v_β——角度改正数（°′″）。

$$\hat{\beta}_i = \beta_i + v_\beta \tag{5-6}$$

式中 β_i——导线水平角观测值（°′″）；

$\hat{\beta}_i$——改正后水平角（°′″）。

（3）导线边坐标方位角的推算

$$\alpha_{i,i+1} = \alpha_{i-1,i} + \beta_i \pm 180° \tag{5-7}$$

（4）坐标增量的计算

$$\left. \begin{array}{l} \Delta x_{ij} = D_{ij}\cos\alpha_{ij} \\ \Delta x_{ij} = D_{ij}\cos\alpha_{ij} \end{array} \right\} \tag{5-8}$$

（5）坐标增量闭合差的计算

$$\left. \begin{array}{l} x_{i+1} = x_i + \Delta x \\ y_{i+1} = x_i + \Delta y \end{array} \right\} \tag{5-9}$$

$$\left. \begin{array}{l} f_x = \sum \Delta x_{计} - \sum \Delta x_{理} \\ f_y = \sum \Delta y_{计} - \sum \Delta y_{理} \end{array} \right\} \tag{5-10}$$

式中 $\Delta x_{理}$、$\Delta y_{理}$——坐标闭合差的理论值（m）；

$\Delta x_{计}$、$\Delta y_{计}$——坐标闭合差的计算值（m）；

f_x——纵坐标增量闭合差（m）；

f_y——横坐标增量闭合差（m）。

（6）导线全长闭合差 f_s 的计算式如下

$$f_s = \sqrt{f_x^2 + f_y^2} \qquad (5-11)$$

式中　f_s——纵、横坐标增量闭合差计算的水平距离（m）。

（7）导线全长相对闭合差

$$K = \frac{f_s}{\sum D} = \frac{1}{\sum D/f_s} \qquad (5-12)$$

式中　$\sum D$——各导线边的边长总和（m）；

　　　K——导线全长相对闭合差（m）。

（8）坐标增量改正数为

$$\left.\begin{aligned} v_{\Delta x_{ij}} &= -\frac{f_x}{\sum D} D_{ij} \\ v_{\Delta y_{ij}} &= -\frac{f_y}{\sum D} D_{ij} \end{aligned}\right\} \qquad (5-13)$$

式中　$v_{\Delta x_{ij}}$、$v_{\Delta y_{ij}}$——纵、横坐标增量的改正数（m）。

（9）改正后的坐标增量

$$\left.\begin{aligned} \Delta\hat{x}_{ij} &= \Delta x_{ij} + v_{\Delta x_{ij}} \\ \Delta\hat{y}_{ij} &= \Delta x_{ij} + v_{\Delta y_{ij}} \end{aligned}\right\} \qquad (5-14)$$

式中　$\Delta\hat{x}_{ij}$、$\Delta\hat{y}_{ij}$——改正后的纵、横坐标增量（m）。

（10）各导线点坐标的计算

$$\left.\begin{aligned} x_i &= x_{i-1} + \Delta\hat{x}_{i-1,i} \\ y_i &= y_{i-1} + \Delta\hat{y}_{i-1,i} \end{aligned}\right\} \qquad (5-15)$$

式中　$\Delta\hat{x}_{i-1,i}$、$\Delta\hat{y}_{i-1,i}$——纵、横坐标增量的平差值（m）。

5.2.2　程序及算例

（1）程序名：DXPC

Deg：48→DimZ：Fix 4 ↵　　　　　　　　　　设置角度单位为十进制，小数取 3 位，设置额外变量

"G = 0 – BH 1 – FH"? G ↵　　　　　　　　输入判别符号：0 为闭合，1 为附合

"XB ="? A："YB ="? B："F – AB ="? F ↵

	输入起点坐标和方位角（由后视到测站方向）
If G≠0：Then "XC＝"？C："YC＝"？D："F－CD＝"？E ↵	输入终点坐标和方位
Else A→C：B→D：F＋180→E：IfEnd ↵	闭合导线，则终点坐标、方位与起点相同
"N＝"？N：F→U ↵	输入测角个数 N
For 1→I To N ↵	循环
"L＝"？→L：U＋L→U ↵	依次输入各水平角（左角＋，右角－）
If U＞180：Then U－180→U：Else U＋180→U：IfEnd ↵	计算方位角
U≥360 ⇒ U－360→U ↵	把方位角限制在 0～360°
U→Z［4I－3］：Next ↵	把方位角存入额外变量
U－E→W ↵	
W＜0 ⇒ W＋360→W ↵	避免方位角闭合差出现多减 360°的情况
"FB＝"：W▶DMS ◢	显示方位角闭合差
－1×W÷N→W ↵	计算各角的方位角改正数
For 1→I To N ↵	循环
Z［4I－3］＋W×I→P："FWJ＝"：P▶DMS ◢	改正各方位并显示
P→Z［4I－3］：Next ↵	把改正后的方位角存入额外变量
0→M：0→R：0→Q ↵	将存放 X 增量、Y 增量、边长总和的变量置零
For 1→I To N－1 ↵	循环
Z［4I－3］→P ↵	读入方位角到变量 P
"S＝"？→S：S→Z［4I－2］ ↵	依次输入各边水平边长
S×cos（P）→Z［4I－1］：S×sin（P）→Z［4I］ ↵	计算各边 X 增量、Y 增量
M＋Z［4I－1］→M：R＋Z［4I］→R ↵	计算 X 增量、Y 增量总和
Q＋S→Q：Next ↵	计算边长总和
"［S］＝"：Q ◢	显示导线总长

"FX＝"：A＋M－C→M ◢　　　　显示 Y 闭合差

"FY－"．D＋R－D→R ◢　　　　显示 Y 闭合差

"K＝1／"：int（Q÷$\sqrt{}$（M^2＋R^2））↵　　计算全长相对闭合差

－1×M÷Q→M：－1×R÷Q→R↵　　计算单位长度的 X、Y 增量改正数

A→X：B→Y↵　　　　将起点坐标存入 XY 变量中

For 1→I To N－1↵　　　　循环

"X＝"：X＋M×Z［4I－2］＋Z［4I－1］→X ◢

　　　　计算各未知点的 X 坐标

"Y＝"：Y＋R×Z［4I－2］＋Z［4I］→Y ◢

　　　　计算各未知点的 Y 坐标

Next："END"　　　　结束

（2）算例附合

1）附合导线。

已知数据：$G=1$；

起点坐标和方位：$X_B=393.780$m，$Y_B=203.238$m，$F-AB=57°25'56''$；

终点坐标和方位：$X_C=529.996$m，$Y_B=221.522$m，$F-CD=347°38'42''$；

测角数：$N=6$；

观测的水平角（6 个角）：112°07′00″、135°07′38″、204°10′32″、219°26′34″、290°50′26″、48°30′24″；

观测的水平边长（5 条边）：65.795m、33.038m、62.999m、45.747m、95.462m。

经程序计算，结果为

① 角度闭合差：－0°00′12″。

② 各边平差后方位角：349°32′58″、304°40′38″、328°51′12″、8°17′48″、119°08′16″、347°38′42″。

③ 导线总长：303.041m。

④ X 闭合差：－0.0112m。

⑤ Y 闭合差：0.0098m。

⑥ 导线全长相对闭合差：$K\dfrac{1}{20321}$m。

⑦ 未知点坐标：

第 1 点（458.4860，191.3015）。

第 2 点（477.2843，164.1310）。

第 3 点（531.2041，131.5439）。

第 4 点（576.4740，138.1437）。

C 点（529.9960，221.5220）本点为终点，起检核作用。

2）闭合导线（见图5-3）。

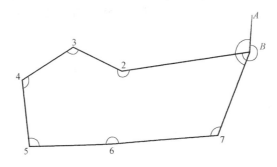

图 5-3　闭合导线

在图中输入闭合导线的角度时，第一个水平角输入 $\angle AB2$，最后一个角度输入 $\angle 7BA$，其他编号形式的闭合导线类此输入。输入沿导线前进方向的左角，如为右角，则按 "－" 号输入即可。

平差计算结果见表5-1。

表 5-1　闭合导线的平差计算

点名	观测角度 （°′″）	方位角 （°′″）	边长/m	坐标/m	
				X	Y
A	—	183 55 00	—		
B（1）	259 14 00	263 08 50	115.258	63829.540	51279.480
2	212 38 40	295 47 21	48.434	63815.796	51165.042
3	123 39 41	239 26 52	53.544	63836.872	51121.431
4	114 30 00	173 56 42	58.309	63809.658	51075.319
5	95 10 34	89 07 07	71.580	63751.679	51081.468
6	177 26 37	86 33 34	97.934	63752.785	51153.037
7	115 29 03	22 02 28	76.452	63758.670	51250.792
B（1）	161 52 42	3 55 00（检核）	$\sum D = 521.511$	63829.540（检核）	51279.480（检核）
—	—				

注：$f_\beta = +0°01′17″$，$f_x = -0.039$，$f_y = +0.015$，$K = 1/12507$。

程序运行时，输入输出如下：

输入

$G = 0$；

$X_B = 63829.540$，$Y_B = 51279.480$，$F - AB = 183°55′00″$；

测角数 $N = 8$；

观测的水平角（8 个角）：259°14′00″、212°38′40″、123°39′41″、114°30′00″、95°10′34″、177°26′37″、115°29′03″、161°52′42″。

则计算出角度闭合差和平差后各边的方位角。

再输入观测的水平边长（7 条边）：115.258、48.434、53.544、58.309、71.580、97.934、76.452。

则计算出导线边长总和、X 增量闭合差、Y 增量闭合差、导线全长相对闭合差 K，再逐点输出各点的坐标。

5.3 无定向导线平差计算程序

5.3.1 无定向导线计算原理及公式

当测区内只有两个已知点，且已知点之间不通视时，传统的方法就是布设无定向导线。

无定向附合导线的两端各有一个已知点（高级点），缺少起始和最末边的已知坐标方位角。如图 5-4 所示，在已知点 B、C 之间布设了点号为 5、6、7、8 的 4 个待定点，共观测 5 条边长和 4 个转折角。

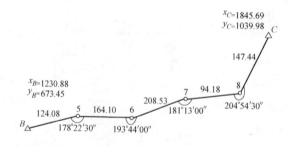

图 5-4　无定向导线

无定向附合导线由于缺少起始坐标方位角，不能直接推算导线各边的方位角。但是，导线受两端已知点的控制，可以间接求得起始方位角。其方法为：先假定一边的方位角作为起始方位角，计算导线各边的假定坐标增量，然后根据 B、C 两点间的真、假两套坐标增量计算 B、C 两点间的真、假坐标方位角，从而求出真假方位角差，再对其他边的方位角进行改正。

（1）计算各边的假定方位角

先假定 B-5 边的坐标方位角 $\alpha'_{B5} = 90°00′00″$（也可以假定为 0°00′00″ 或其他任意角度），再推算出各边的假定方位角 α'。

（2）计算各边的假定坐标增量

用各边的假定坐标方位角和边长，计算各边的假定坐标增量 $\Delta x'$、$\Delta y'$，并求其总和 $\sum \Delta x'$、$\sum \Delta y'$，作为 B，C 两点间的假定坐标增量，即

$$\Delta x'_{BC} = \sum \Delta x' \tag{5-16}$$

$$\Delta y'_{BC} = \sum \Delta y' \tag{5-17}$$

（3）计算始、终两已知点间的真、假边长和方位角

用以上计算出的假定坐标增量，按坐标反算公式，计算 B、C 两点间的假定长度 L'_{BC}（B、C 两点间的长度称为闭合边）和假定坐标方位角 α'_{BC}。用 B、C 两点的已知坐标计算两点间的真边长 L_{BC} 和真方位角 α_{BC}。

（4）计算导线各边改正后方位角和改正后的边长

1）假定坐标方位角与坐标方位角的关系：

$$\theta = \alpha_{BC} - \alpha'_{BC} \tag{5-18}$$

式中　θ——真假方位角差值（°′″）。

2）导线各边改正后的坐标方位角：

$$\alpha_{ij} = \alpha'_{ij} + \theta \tag{5-19}$$

式中　α'_{ij}——某边的假定方位角（°′″）；

　　　α_{ij}——真实方位角（°′″）。

3）导线的真假长度比：

$$R = \frac{L_{BC}}{L'_{BC}} \tag{5-20}$$

式中　L_{BC}——两已知点的真实距离（m）；

　　　L'_{BC}——假定坐标系中两已知点的距离（m）；

　　　R——真假长度比。

4）根据真假边长度比 R 计算各边改正后的边长，即：

$$L_{BC} = RL'_{BC} \tag{5-21}$$

5）用改正后的边长和坐标方位角计算各边的坐标增量 Δx 和 Δy。

5.3.2　程序及算例

（1）程序名：WDXDX

Deg：Norm1：Freqon ↵	设置角度、显示及统计串列
"N="? N：N→DimZ ↵	输入测边个数
"XA="? A："YA="? B ↵	输入起点的坐标
"XB="? C："YB="? D ↵	输入终点的坐标

A＋Bi→X：C＋Di→Y ↵	复数形式的已知点坐标
0→F：X＋List X［1］∠F→Z［1］↵	1 点假定坐标的复数形式
For 1→I To N－1 ↵	循环
F＋List Y［I］→F ↵	计算各边假定方位角
If F＞180：Then F－180→F：Else F＋180→F：IfEnd ↵	计算各边假定方位角
Z［I］＋ListX［I＋1］∠F→Z［I＋1］↵	计算复数形式各点假定坐标
Next ↵	
（Y－X）÷（Z［N］－X）→Z ↵	计算假定坐标转换为测量坐标的转换复数
"K＝1／"：Int（Abs（（1－Abs（Z））$^{-1}$））◢	显示全长相对闭合差
"Z＝"：Z▶r∠θ ◢	显示坐标转换复数的极坐标形式（▶r∠θ 在 FUNCTION/COMPLX 中）
Fix 3：For 1→I To N ↵	设置小数取位 3 位，建立循环
X＋（Z［I］－X）Z→Z［I］↵	计算复数形式的各点坐标
If I≠N：Then "N＝"：I ◢	显示点号
"XI＝"：Rep（Z［I］）◢	显示 X 坐标（取复数的实部）
"YI＝"：Imp（Z［I］）◢	显示 Y 坐标（取复数的虚部）
IfEnd：Next ↵	条件语句及循环语句
"END"	结束

（2）算例

计算时先在 REG 模式下，在统计串列 List X 中输入水平距离观测值，统计串列 List Y 中输入水平角观测值（左角＋，右角－），见表5-2。

表5-2 无定向导线的平差计算

点号	水平角（° ′ ″）	边长 D/m	坐标/m	
			X	Y
B	—	124.08	1230.88	673.45
5	－178 22 30	164.10	1321.53	758.17
	—		—	—
6	－193 44 00	208.53	1438.18	873.58
7	－181 13 00	94.18	1617.01	980.84
8	－204 54 30	147.44	1698.78	1027.56
C	—	—	1845.69	1039.98

程序运行前，先在 REG 状态输入如表5-3 所示的数据，在 List X 列中输入水平边长，在 List Y 列中输入各水平角（左角输入 + 值，右角输入 – 值），再进入到程序中运行程序：

表5-3　在串列中置数

	X/m	Y/m	FREQ
1	124.08	– 178　22　30	—
2	164.10	– 193　44　00	—
3	208.53	– 181　13　00	—
4	94.18	– 204　54　30	—
5	147.44	—	

输入测边数 $N = 5$；

B 点坐标：$X_A = 1230.88$，$Y_A = 673.45$；

C 点坐标：$X_B = 1845.69$，$Y_B = 1039.98$

经程序计算：

① 导线全长相对闭合差：$K = \dfrac{1}{35460}$。

② 转换参数：$Z = 0.99997 \angle 43.06543259$。

③ 再依次输出 5、6、7、8 点的坐标（见表5-2）。

5.4　单一水准路线平差计算程序

单一水准路线包括附合水准路线、闭合水准路线、水准支线三种。水准支线比较简单，所以本节只讨论附合水准路线、闭合水准路线的简易平差。

5.4.1　计算公式

平差时先计算高程闭合差，再按测站数或测段长度成正比分配闭合差。其计算公式如下：

高程闭合差：

$$f = H_A + \sum h_i - H_B \tag{5-22}$$

式中　h_i——各测段高差（m）；

　　　f——高差闭合差（m）。

高差改正数：

$$V_i = -fS_i / \sum S \tag{5-23}$$

式中　S_i——各测段长度（m）；

　　　V_i——各测段高差改正数（m）。

　或

$$V_i = -fn_i / \sum n \tag{5-24}$$

式中　n_i——各测段的测站数。

5.4.2　程序及算例

（1）程序名：SZLXPC

"K = 0 – BH 1 – FH"？K↵	输入判别符号，0 为闭合，1 为附合路线
"D ="？D：Fix3 ↵	输入测段数
"HA ="？A↵	输入起始点高差
If K = 0：Then A→B：Else "HB ="？B：IfEnd ↵	闭合路线则只输入一个起始高程
24→DimZ：0→G：0→M：0→N↵	变量置零，G、M 分别用于累加高差、测段长（或测站数）
Lbl 1 ↵	设置程序语句行标号
N + 1→N ↵	N 为测段序号
"HI ="？C：C→Z [2N]：G + C→G ↵	输入高差，并累加
"SI ="？S：S→Z [2N – 1]：M + S→M ↵	输入测段长（或测站数），并累加
N < D ⇒ Goto 1 ↵	依次输入下一测段
"W ="：A + G – B→W ◣	计算高差闭合差
– W ÷ M→W ↵	计算单位长度或单位测站的高差改正数
0→N：A→H：Lbl 2 ↵	变量置零
"N ="：N + 1→N ◣	显示点号
"HN ="：H + Z [2N] + W × Z [2N – 1] →H ◣	计算并显示各点平差后高程
N < D ⇒ Goto 2 ↵	依次计算下一点
"END"	结束

（2）算例

数据见表5-4。

表 5-4　附合水准路线数据

点号	距离/km （或测站数）	高差/m	平差后各点高程/m
Ⅲ18	0.82	0.250	310.000
Ⅳ01	0.54	0.302	310.254
Ⅳ02	1.24	-0.472	310.559
Ⅳ03	1.30	-0.357	310.093
Ⅲ19	—	—	309.743

注：$\sum D = 3.9\text{km}$，$f_\text{h} = H_{18} + \sum h_{测} - H_{19} = -0.020\text{m}$。

5.5　直线线路中桩和边桩坐标计算程序

公路测量的主要内容之一是中线桩的放样。过去受仪器方面的限制，测量人员在放样公路的中桩时，多用切线支距法和偏角法等方法。而现在由于全站仪的普及，放样公路的中线桩一般都采用极坐标法。极坐标法与前述方法的主要区别在于，全站仪不一定要安置在线路中线的某些特殊点上，有较大的灵活性。但使用极坐标法的前提是，必须在全线的统一坐标系统中准确计算出线路中桩的坐标。有时只放样中桩还不够，还要放样出边桩的位置。所以坐标法的关键在于计算出任意桩号的中桩坐标和切线方向。

平面线型归纳起来有三种基本形式：一是直线，直线的曲率半径为∞；二是圆曲线，其曲率半径为 R；三是缓和曲线，其曲率半径是逐渐变化的，它是从一个半径值 R_1 连续均匀变化到另一个半径值 R_2，大多数缓和曲线半径从∞变化为 R，或从 R 变化为∞。

5.5.1　直线计算公式

在如图 5-5 所示的直线段公路中，设起点坐标为（X_0，Y_0），起点里程桩号为 Z_0，直线前进方向的方位角为 A_0，则桩号为 Z 的任一点的切线方位角 A 和中桩坐标（X，Y）为

$$A = A_0 \tag{5-25}$$

式中　A_0——起点的切线方位角（°′″）；

A——任一点（桩号 Z 处）的切线方位角（°′″）。

$$X = X_0 + (Z - Z_0)\cos A_0$$
$$Y = Y_0 + (Z - Z_0)\sin A_0 \tag{5-26}$$

式中 Z_0——起点的桩号（m）；

  Z——任一点的桩号（m）；

  X_0，Y_0——起点的纵、横坐标（m）。

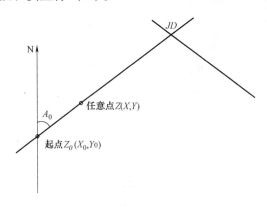

图 5-5 直线段的中桩和边桩计算

起点可以在直线段内上任意确定，起点坐标可以由交点坐标计算而来。计算时，可向前计算，也可向后计算，即 Z 可以比 Z_0 大，也可以比 Z_0 小。

5.5.2 程序及算例

（1）直线线路中桩和边桩坐标计算程序

程序名：GL-ZX（本程序还可用于 CASIO *fx*-7400、9750、9860 等型号的计算器）

Deg：Fix 4 ↵	设置角度单位十进制，4 位小数显示
"X0 = "？ →X："Y0 = "？ →Y ↵	输入起算点坐标
"A0 = "？ →F："Z0 = "？ →K ↵	输入起算点的方位角和桩号
Lbl 1 ↵	语句标号
"Z = "？ →Z："S = "？ →S ↵	输入未知点桩号、边桩到中桩的水平距离 S，左角 $-$，右角 $+$，$S = 0$ 为中桩
"XZ = "：X ＋（Z － K）×cos F ＋S×cos（F ＋90）→P ▰	计算未知点中桩 X 坐标
"YZ = "：Y ＋（Z － K）×sin F ＋S×sin（F ＋90）→Q ▰	计算未知点中桩 Y 坐标
Goto 1 ↵	转入 Lbl 1 计算下一点
"END"	结束

（2）算例

已知数据：

起点坐标：$X_0 = 7283.556\text{m}$、$Y_0 = 4012.971\text{m}$；

起点的切线方位角为：$A_0 = 140°31'10''$；

起点的桩号为 K1 + 100：$Z_0 = 1100\text{m}$。

则经程序计算：

① K1 + 220 处（$Z = 1220$）的中桩（$S = 0$）的方位角和坐标为：$X = 7190.9352\text{m}$，$Y = 4089.2690\text{m}$。

② K1 + 220 处（$Z = 1220$）的右边桩（$S = 10$）的坐标为：$X = 7184.5770\text{m}$，$Y = 4081.5506\text{m}$。

③ K1 + 220 处（$Z = 1220$）的左边桩（$S = -10$）的坐标为：$X = 7197.2933\text{m}$，$Y = 4096.9874\text{m}$。

继续计算下一桩号的中桩和边桩坐标。

5.6　圆曲线中桩和边桩坐标计算程序

5.6.1　计算公式

如图 5-6 所示为一圆曲线，设 ZY 点坐标为（X_0，Y_0），ZY 里程桩号为 Z_0，ZY 点的切向方位角为 A_0，则该圆曲线段上桩号为 Z 的任一点中桩坐标（X，Y）和切线方向 A 为

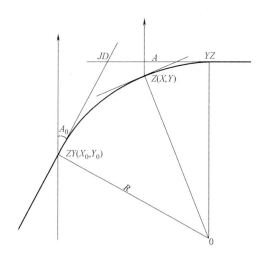

图 5-6　圆曲线的中桩和边桩计算

$$\Lambda = \Lambda_0 + \frac{180(Z - Z_0)}{\pi R} \tag{5-27}$$

式中　R——圆曲线的曲率半径（m）。

$$\left.\begin{array}{l} X = X_0 + R(\sin A - \sin A_0) \\ Y = Y_0 - R(\cos A - \cos A_0) \end{array}\right\} \tag{5-28}$$

式中　X_0、Y_0——ZY 点的横、纵坐标（m）。

需要说明的是：ZY 点坐标可以由交点坐标计算出来；当路线右偏时，R 取"＋"值，路线左偏时，R 取"－"值。

5.6.2　程序及算例

（1）圆曲线中桩和边桩坐标计算程序

程序名：GL-YQX（本程序还可用于 CASIO fx-7400、9750、9860 等型号的计算器）

Deg：Fix 4 ↵	设置角度单位为十进制，4 位小数显示
"X0＝"？→X："Y0＝"？→Y ↵	输入 ZY 点的坐标
"A0＝"？→F："R＝"？→R ↵	输入 ZY 点处的切向方位角、圆曲线半径
"Z0＝"？→K ↵	输入 ZY 点处的桩号
Lbl 1："Z＝"？→Z："S＝"？→S ↵	输入待求点的桩号、边桩至中桩的距离（左－，右＋）
F＋180（Z－K）÷π÷R→E ↵	计算待求点处的切线方位角
"A＝"：E▶DMS ◢	显示待求点处的切线方位角
"XZ＝"：X＋R（sin E－sin F）＋S×cos（E＋90）→P ◢	显示待求点的中桩（$S＝0$）或边桩的 X 坐标
"YZ＝"：Y－R（cos E－cos F）＋S×sin（E＋90）→Q ◢	显示待求点的中桩（$S＝0$）或边桩的 X 坐标
Goto 1 ↵	转移语句
"END"	结束

（2）算例

已知数据：

ZY 点坐标：$X_0 = 7283.556$，$Y_0 = 4012.971$；

ZY 点的切线方位角为：$A_0 = 140°31'10''$；

半径：$R = -1000$（曲线线路向左偏）；

ZY 点的桩号为 $K_1 + 100$：$Z_0 = 1100$。

则经程序计算：

① K1 + 220 处（$Z = 1220$）的中桩（$S = 0$）的方位角和坐标为：$A = 133°38'38.2''$，$X = 7195.7297$m，$Y = 4094.6366$m。

② K1 + 220 处（$Z = 1220$）的右边桩（$S = 10$）的坐标为：$A = 133°38'38.2''$，$X = 7188.4932$m，$Y = 4087.7348$m。

③ K1 + 220 处（$Z = 1220$）的左边桩（$S = -10$）的坐标为：$A = 133°38'38.2''$，$X = 7202.9661$m，$Y = 4101.5383$m。

5.7 缓和曲线中桩和边桩坐标计算程序

5.7.1 计算公式

图 5-7 为一缓和曲线线路，设缓和曲线长为 L，圆曲线半径为 R，设 ZH 点坐标为 $(X_0，Y_0)$，ZH 点里程桩号为 Z_0，ZH 点的切向方位角为 A_0。

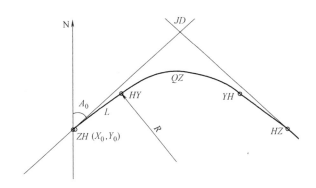

图 5-7 缓和曲线段的中桩和边桩计算

1）$ZH \sim HY$ 之间缓和曲线段桩号为 Z 的任一点中桩坐标 $(X，Y)$ 和切线方向 A 为

$$
\left.
\begin{aligned}
M &= (Z - Z_0) - \frac{(Z - Z_0)^5}{40R^2L^2} + \frac{(Z - Z_0)^9}{3456R^4L^4} \\
N &= \frac{(Z - Z_0)^3}{6RL} - \frac{(Z - Z_0)^7}{336R^3L^3}
\end{aligned}
\right\}
\tag{5-29}
$$

$$A = A_0 + \frac{90(Z - Z_0)}{\pi RL} \qquad (5\text{-}30)$$

式中　L——缓和曲线的长度（m）；

　M、N——中间变量（m）。

$$\left.\begin{array}{l} X = X_0 + M\cos A - N\sin A \\ Y = Y_0 + M\sin A + N\cos A \end{array}\right\} \qquad (5\text{-}31)$$

式中　X_0、Y_0——ZH 点的横、纵坐标（m）。

　　2）该 $HY \sim YH$ 之间圆曲线段桩号为 Z 的任一点中桩坐标（X、Y）和切线方向 A 为

$$k = \frac{90(L + 2Z - 2Z_0)}{\pi R} \qquad (5\text{-}32)$$

式中　k——ZH 点切线方向与任一点切线方向间的夹角（°′″）。

$$\left.\begin{array}{l} M = R\sin k + \dfrac{L}{2} - \dfrac{L^3}{240R^2} \\ N = R(1 - \cos k) + \dfrac{L^2}{24R} \end{array}\right\} \qquad (5\text{-}33)$$

$$A = A_0 + k \qquad (5\text{-}34)$$

式中　A——带有缓和曲线的圆曲线上任一点的切线方位角（°′″）。

$$\left.\begin{array}{l} X = X_0 + M\cos A - N\sin A \\ Y = Y_0 + M\sin A + N\cos A \end{array}\right\} \qquad (5\text{-}35)$$

　　3）需要说明的是：ZY 点坐标可以由交点坐标计算出来；当路线右偏时，R 取"+"值，路线左偏时，R 取"－"值；对于 $YH \sim HZ$ 段的缓和曲线，可以 HZ 点为起点，以 HZ 点到 JD 点的方位角为起算的切线方位角，同法计算，并根据从 HZ 向 YH 方向是右偏还是左偏来判定 R 的符号。

5.7.2　程序及算例

（1）缓和曲线中桩和边桩坐标计算程序

程序名：GL-HHQX（本程序还可用于 CASIO fx-7400、9750、9860 等型号的计算器）

Deg：Fix 4 ↵　　　　　　　　　　　　　设置角度单位为十进制，4 位小数显示

"X0 ="？→X："Y0 ="？→Y ↵　　　　输入 ZH 点的坐标

"R ="？→R："L ="？→L ↵　　　　　输入圆曲线半径 R、缓和曲线长 L

"A0 = "? →F："Z0 = "? →K↵　　　输入 *ZH* 点处的切向方位角、*ZH*
　　　　　　　　　　　　　　　　　点桩号

Lbl 1："Z = "? →Z："S = "? →S↵　输入待求点的桩号、边桩至中桩
　　　　　　　　　　　　　　　　　的距离（左角 － ，右角 ＋）

Abs（Z － K）→J↵　　　　　　　计算待求点到 *ZH* 点间的曲线长
If J≤L↵　　　　　　　　　　　　条件语句

Then J － J^5 ÷（40R^{2}L^2）＋ J^9 ÷（3456R^{4}L^4）→M：J^3 ÷（6RL）－ J^7 ÷
（336R^{3}L^3）→N：F ＋ 90（Z － K）^{2} ÷（πRL）→E↵

　　　　　　　　　　　　　　　　　计算 *M*、*N* 值（缓和段）

Else J － L→J：90（L＋2J）÷（πR）→U↵　*U* 为中间变量

RsinU ＋ L ÷ 2 － L^3 ÷（240R^2）→M↵　计算 *M* 值

R（1 － cosU）＋ L^2 ÷（24R）→N↵　　计算 *N* 值

F ＋ U→E：IfEnd↵　　　　　　　　计算待求点处的切线方位角（圆
　　　　　　　　　　　　　　　　　曲线段）

"A = "：E▶DMS ◢　　　　　　　显示待求点处的切线方位角

"XZ = "：X ＋ McosF － NsinF ＋ S × cos（E＋90）→P ◢

　　　　　　　　　　　　　　　　　显示待求点的中桩（*S* ＝ 0）或边
　　　　　　　　　　　　　　　　　桩的 *X* 坐标

"YZ = "：Y ＋ MsinF ＋ NcosF ＋ S × sin（E＋90）→Q ◢

　　　　　　　　　　　　　　　　　显示待求点的中桩（*S* ＝ 0）或边
　　　　　　　　　　　　　　　　　桩的 *X* 坐标

Goto 1↵　　　　　　　　　　　　返回求下一点
"END"　　　　　　　　　　　　　结束

（2）算例

已知数据：

ZH 点坐标：$X_0 = 7283.556$m，$Y_0 = 4012.971$m；

半径：$R = -1000$m（曲线线路向左偏）；

缓和曲线长：$L = 55$m；

ZH 点的切线方位角为：$A_0 = 140°31'10''$；

ZH 点的桩号为 K1 ＋ 100：$Z_0 = 1100$m。

则经程序计算：

① 缓和曲线段计算：

a）K1 ＋ 140 处（$Z = 1140$）的中桩（$S = 0$）的方位角和坐标为：$A = 139°41'$

09.8″，$X = 7252.8063$m，$Y = 4038.5528$m。

b）K1+140 处（$Z = 1140$）的右边桩（$S = 10$）的坐标为：$A = 139°41′09.8″$，$X = 7246.3366$m，$Y = 4030.9277$m。

c）K1+140 处（$Z = 1140$）的左边桩（$S = -10$）的坐标为：$A = 139°41′09.8″$，$X = 7259.2761$m，$Y = 4046.1779$m。

②带缓和曲线的圆曲线段计算：

a）K1+220 处（$Z = 1220$）的中桩（$S = 0$）的方位角和坐标为：$A = 135°13′10.5″$，$X = 7193.8358$m，$Y = 4092.5816$m。

b）K1+220 处（$Z = 1220$）的右边桩（$S = 10$）的坐标为：$A = 135°13′10.5″$，$X = 7186.7918$m，$Y = 4085.4835$m。

c）K1+220 处（$Z = 1220$）的左边桩（$S = -10$）的坐标为：$A = 135°13′10.5″$，$X = 7200.8797$m，$Y = 4099.6798$m。

5.8　线路竖曲线计算程序

5.8.1　计算公式

$$\alpha = i_1 - i_2 = \Delta_i \tag{5-36}$$

式中　i_1——后坡度（°′″）；

　　　i_2——前坡度（°′″）；

　　　Δi——前后坡度差（°′″）；

　　　α——竖曲线切线夹角（°′″）。

在图 5-8 中，竖曲线要素关式如下：

$$T = R\tan\left(\frac{\alpha}{2}\right) = \frac{R}{2}\tan\alpha = \frac{R}{2}\Delta_i \tag{5-37}$$

式中　R——竖曲线曲率半径（m）；

　　　T——切线长度（m）。

$$L = 2T \tag{5-38}$$

式中　L——曲线长度（m）。

$$y = \frac{x^2}{2R} \tag{5-39}$$

式中　y——切线上和曲线上的高程差（m）；

　　　x——竖曲线上任一点至曲线起点（或终点）的距离（m）。

曲线之外的高程 H_i 和 H_j：

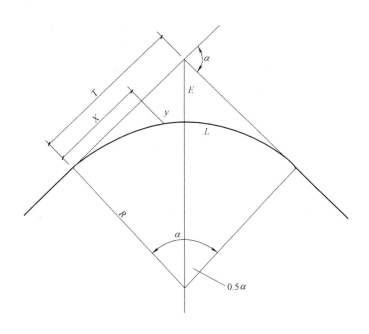

图 5-8　竖曲线要素

$$H_i = H_0 - (Z_0 - Z_i)i_1 \tag{5-40}$$

式中　H_0——竖曲线顶点处切线交点的高程（m）；

　　　Z_0——竖曲线顶点处的桩号（m）；

　　　Z_i——任一点（后坡度段）的桩号（m）。

$$H_j = H_0 + (Z_i - Z_0)i_2 \tag{5-41}$$

式中　Z_i——任一点（前坡度段）的桩号（m）。

　　曲线之内的高程 H_i 和 H_j：

$$H_i = H_0 - (Z_0 - Z_i)i_1 - y \tag{5-42}$$

式中　Z_i——任一点（竖曲线段内后坡度段）的桩号（m）。

$$H_j = H_0 + (Z_i - Z_0)i_2 - y \tag{5-43}$$

式中　Z_i——任一点（竖曲线段内前坡度段）的桩号（m）。

5.8.2　程序及算例

（1）线路竖曲线计算程序

程序名：GL-SQX（本程序还可用于 CASIO fx-7400、9750、9860 等型号的计算器）

Fix 4 ↵　　　　　　　　　　　　　设置 4 位小数显示

"R ="? →R ↵　　　　　　　　　　竖曲线半径 R（凹曲线，即 $I < J$ 时 R

取负值)

"I ="? →I："J ="? →J ↵	输入后坡度、前坡度
"G ="? →G："Q ="? →Q ↵	输入顶点高程、顶点桩号
Lbl 1 ↵	语句标号
"Z ="? →Z：Abs（Z－Q）→N ↵	输入任意桩号，计算待求点到顶点的距离
0.5×R×（I－J）→M ↵	计算竖曲线切线长
If Z < Q：Then G－N×I→H：Else G＋N×J→H：IfEnd ↵	曲线之外的前后高程计算
If N < M：Then H－（M－N）² ÷（2R）→H：IfEnd ↵	曲线之内的高程计算
"H ="：H ▲	显示待求点的高差
Goto 1 ↵	转到 Lbl 1 重新输入桩号计算下一点
"END"	结束

（2）算例

已知数据：

半径 ： $R = 1000$ m

后坡度 ： $I = 0.05$（即 5% 的坡度）；

后坡度 ： $J = -0.03$（即 -3% 的坡度）；

曲线顶点的高程： $G = 276.5584$ m；

曲线顶点的桩号 K2 + 360： $Q = 2360$ m。

则经程序计算：

① K2 + 200 处（ $Z = 2200$ ）的设计高程为： $H = 268.5584$ m。

② K2 + 350 处（ $Z = 2350$ ）的设计高程为： $H = 275.6084$ m。

③ K2 + 392 处（ $Z = 2392$ ）的设计高程为： $H = 275.5664$ m。

④ K2 + 481.6 处（ $Z = 2481.6$ ）的设计高程为： $H = 272.9104$ m。

练 习 题

5-1　编程计算表 5-5 中的支导线。

表5-5 支导线已知数据和观测数据

点名	观测角度 (°′″)	方位角 (°′″)	边长/m	坐标/m	
				X	Y
M		237 59 30			
A (1)	99 01 00		225.850	2507.690	1215.630
2	167 45 36		139.030		
3	123 11 24		172.570		
4	189 20 36		100.070		
5	179 59 18		102.480		

5-2 编程计算表5-6中的附合导线。

表5-6 附合导线已知数据和观测数据

点名	观测角度 (°′″)	方位角 (°′″)	边长/m	坐标/m	
				X	Y
M		237 59 30			
A (1)	99 01 00		225.850	2507.690	1215.630
2	167 45 36		139.030		
3	123 11 24		172.570		
4	189 20 36		100.070		
5	179 59 18		102.480		
B (6)	129 27 24	46 45 30		2166.740	1757.270
N					

5-3 某公路直线段的参数如下：起点坐标（1000，2000）、起点的切线方位角为 $A_0 = 200°05′40″$、起点的桩号为 K0 + 100，请编程计算 K0 + 300 处的中桩和左边桩（$S = 13.75$）的坐标。

5-4 某公路圆曲线段的参数如下：起点坐标（1000，2000）、起点的切线方位角为 $A_0 = 200°05′40″$、起点的桩号为 K0 + 100、圆曲线半径900（曲线线路向右偏），请编程计算 K0 + 197 处的中桩和左边桩（$S = 13.75$）的坐标。

参 考 文 献

［1］韩山农. 公路工程施工测量现场实用程序计算技术［M］. 北京：人民交通出版社，2010.

［2］覃辉，覃楠. CASIO fx-5800P 编程计算器基于数据库子程序的测量程序与案例［M］. 上海：同济大学出版社，2010.

［3］覃辉. CASIO fx-4800P/fx-4850P 与 fx-5800P 编程计算器功能比较与程序转换［M］. 上海：同济大学出版社，2009.

［4］刘楚彦. CASIO fx-5800P 可编程计算器测绘计算实用程序［M］. 广州：华南理工大学出版社，2008.

［5］李天和. 地形测量［M］. 重庆：重庆大学出版社，2009.

［6］张坤宜. 交通土木工程测量［M］. 北京：人民交通出版社，1999.

［7］冯大福. 建筑工程测量［M］. 天津：天津大学出版社，2010.

［8］曹智翔，周祖渊. 直接放样道路边线的方法［J］. 四川测绘，1997（4）：159－161.

［9］张雨化. 道路勘测设计［M］. 北京：人民交通出版社，1998.

［10］王中伟. 卡西欧 fx-5800P 计算器与道路施工放样程序［M］. 广州：华南理工大学出版社，2011.